陈玉飞 著

寻源融古今

物我和谐生态建筑理论的现实意义研究

U0303436

辽宁美术出版社

图书在版编目（CIP）数据

寻源融古今：物我和谐生态建筑理论的现实意义研究 / 陈玉飞著 . — 沈阳：辽宁美术出版社，2020.8
ISBN 978-7-5314-8844-6

Ⅰ. ①寻… Ⅱ. ①陈… Ⅲ. ①生态建筑—研究 Ⅳ. ① TU-023

中国版本图书馆 CIP 数据核字 (2020) 第 160538 号

出 版 者：辽宁美术出版社
地　　址：沈阳市和平区民族北街29号　邮编：110001
发 行 者：辽宁美术出版社
印 刷 者：沈阳岩田包装印刷有限公司
开　　本：889mm×1194mm　1/32
印　　张：5.5
字　　数：160千字
出版时间：2020年8月第1版
印刷时间：2020年8月第1次印刷
责任编辑：童迎强
责任校对：郝　刚
书　　号：ISBN 978-7-5314-8844-6
定　　价：58.00元

邮购部电话：024-83833008
E-mail:lnmscbs@163.com
http://www.lnmscbs.cn
图书如有印装质量问题请与出版部联系调换
出版部电话：024-23835227

序 》

当今世界，诸如能源紧缺、污染加剧等环境问题日益凸显，为缓解全球性生态危机的爆发之势，各界有识之士纷纷将研究重心转向生态，建筑界亦然。以西方生态建筑理论为主导的生态建筑设计从早期于建筑外观上融于自然，发展为倡导可再生能源，强调技术与自然的和谐，现将目光转向中国传统的以老子思想为代表的"天人合一"观念，注重寻求人、建筑、自然三者的和谐统一。

目前研究者多侧重于直接从哲学角度解读"天人合一"生态观，本书在总结借鉴前人研究成果的基础上，侧重于从中国山水画入手。"天人合一"思想是中国传统山水画创作的本源，同时中国传统山水画直观表现了人、建筑、自然的关系，给本课题提供了图像视觉的具象研究方式，这亦是本书的创新点，旨在扩展生态建筑理论的研究途径与方法。

本书综合运用了物证分析与文献查阅法、案例研究与系统分析法、跨学科交叉互融的研究方法以及历史与现实相结合的研究方法。

本书首先对"天人合一"思想的产生进行了溯源，并对其发展历程进行了深入解读，进而对山水画的产生以及其与"天人合一"思想的关系做了详细阐述,并且以具有代表性的中国传统山水画为例,对其所体现的"人—建筑—自然"和谐共处的"天人合一"观进行了直观解读;同时对现代生态建筑理论的产生与发展进行了深入剖析。着重分析了现今备受推崇的两种生态建筑设计策略:一是"回应"乡土民居,乡土民居凝聚了古代先民通过不断试错以适应自然的智慧;二是"寻道"仿生学,仿生学则凝聚了各类生物在漫长的进化历程中为应对自然变化同时顺应自然的智慧。这两种策略均具有尊重自然规律以谋求与自然和谐共处的意愿,与"天人合一"思想有诸多共性。最后本书以三个设计方案为例,将"天人合一"观引入现代生态建筑理论的方式直观呈现,这亦是本书的重点与亮点所在:尊重二者的差异,在共性中寻求融合。"天人合一"观主张无为而治,用保守的态度顺应自然,虽然是古代低端文明时期的思想,但它不一定就是过时的,有如最原始种子包含着一切后发的必然性与合理性,孕育着后来一切可以绽放出来的合理要素。而现代生态建筑理论是人类文明高度发展的产物,侧重在保护自然的前提下积极改造世界以满足人类不断发展的需求,为实现现代生态建筑理论的永续发展,其有向"天人合一"观借鉴的迫切性以及必要性,但这种借鉴必须以求同存异为前提。希望本书能够进一步拓展生态建筑设计的理论与实践维度。

目录 Contents

「 第一章　绪论」

第一节　研究的缘起

　　在当今经济高速发展的社会大背景下，全世界就如何在保证社会发展的前提下保护环境、恢复生态而争论不休。城市化进程的加快确实为人类的生活带来了很多便利，但是随之而来的生态环境问题也与日俱增。一座座由钢筋、水泥、玻璃幕墙等铸就的高楼大厦拔地而起，人们穿梭其中却与自然渐行渐远。因自然环境日益恶化，建筑界亦逐渐开始关注生态问题，希望为环境保护增添一份力量。国内外的优秀建筑师很早便不断尝试将建筑与自然结合，其中1969年美国景观建筑师麦克哈格的著作《设计结合自然》（*Design with Nature*）的出版，标志着生态建筑学的诞生。经过几代人的努力，生态建筑的发展渐入佳境，其相关概念也得到逐步完善。从广义上来说，生态建筑（ECO是Eco-build的缩写），是要根据建筑所在地的自然环境、地理环境、生态环境，通过对生态学、植物学、建筑学、风景园林学等相关学科的协调统一运用，合理安排各个学科的应用，充分发挥其技术特点，来保证建筑本体与周围环境的和谐统一。通过这种科学的手段使建筑与环境成为一个有机的自然结合体，建筑中有自然，自然中有建筑，同时具有良好的室内气候条件和较强的生物气候调节能力，以满足人们居住、生活的环境舒适，在人、建筑与自然生态环境之间形成一个良性循环系统。从中我们可以看出，现代生态建筑理论所表达的核心思想即人—建筑—自然三者的和谐共处，这与中国传统山水画所表达的"天人合一"观不谋而合。"天人合一"观是中国古代以老子为代表的先贤们的智慧结晶，其阐述了人与世界的关系，是中国古代的核心哲学思想，它渗透于华夏文明的方方面面，无论是文学艺术作品，还是中国人的思维意识，都带有这一古老哲学文化的印迹。

传统中国山水画以山川、河流等极具大自然风情的风景为主要描绘对象，山水画起源并形成于魏晋南北朝时期，但其一开始是作为人物画的附属而存在的，至隋唐时期它才彻底从人物画中分离出来，形成一个独立的绘画门类。山水画在中国绘画史上有着极其重要的地位和深远的影响，山水画体现了中国浓厚的文化内涵和哲学思考，山水画借景抒情，表现的是绘画者以山为德、以水为性的内在哲学修为，"天人合一"一直是山水画所传达的主要思想。山水画旨在一种境界的营造，"天人合一"亦是中国传统山水画的终极诉求，中国古代的文人墨客将对于天地之德的体会，对于万物之情的感受通通融入流畅的墨线，或抽象或具体的画面当中，卷帙浩繁的画卷表达了中国文化中立意深远的哲学思考。

综观中国古代山水画，建筑物是各类画作中必不可少的构成元素，其中建筑或为主体或为修饰，有大有小。但建筑在山水画之中大多为点缀作用，将其依附于自然的主旨思想传达得淋漓尽致，因此在画卷的山峦叠层之中，建筑常以清淡的墨色点缀其中，大多仅占据画面的一隅，并不过分抢占关注，却对平衡整体画面的构图以及营造人与自然和谐共处的意境起到至关重要的作用，这正是山水画中常用的"以小见大"的构图手法。山水画中所折射出的生态建筑营建观令作者大为触动，所以产生了撰写本书的灵感。本书以中国山水画中"天人合一"观为研究主体，以中国山水画的发展为研究脉络，通过研究中国山水画"天人合一"观的形成原因，以及"天人合一"观在中国山水画中的发展历史，探索中国山水画中"天人合一"观所传达的生态美学价值。从生态建筑角度，结合实际案例，尝试将中国山水画中的"天人合一"观在不同的历史发展时期所表达的生态意识与审美价值相结合比较，深入研究与探索相关的理论知识，尝试使用中国山水画中"天人合一"观所蕴含的生态审美观点提升生态建筑的设计理念与设计手法，力图对现代生态建筑的设计发展产生一些积极的影响。

第二节 相关概念界定

一、中国山水画的概念

　　山水画是中国传统绘画中以山水自然景色为题材的一个绘画门类。魏晋以前山水景观仅为人物画之附属或陪衬。东晋顾恺之的《画云台山记》是最早讨论山水画法的文章，但此时山水仍不是绘画的主题。南朝宋宗炳《画山水序》一文是最早在观念上肯定山水描绘之独立价值的。而山水画正式发展为一个独立门类的时期则在隋、唐。现存画作中相传隋代展子虔的《游春图》、唐代李昭道的《春山行旅图》《明皇幸蜀图》等，皆确定是以山水为主题。初期山水技法是单纯的以线条勾勒山形，再添加青绿色彩，称"青绿山水"。盛唐时，王维创破墨山水、王洽作泼墨山水，开辟一条脱离色彩的山水画技法。五代北宋之际，山水画有突破性发展，荆浩、关仝、董源、巨然等四大家，从写生出发，一方面创作出能生动表现山石肌理的披麻皴法；另一方面以心灵体会山水的气象，酝酿出宏大空阔的意境，正如张璪所说的"外师造化，中得心源"[1]，由于他们的努力，山水画被推到一个极高位置。荆、关、董、巨之后，李成、范宽、郭熙、燕文贵、许道宁、米芾、米友仁为北宋山水大家。

[1] 唐代张彦远《历代名画记》。

米芾和米友仁父子的《烟云山水》使王维所创的水墨山水发展成熟，亦为山水画传统另开新境。两宋之际的李唐创斧劈皴法，发展出以山石坚劲为特色的北派风格。北宋山水画重表现自然的雄伟，主山常置于画面中央。南宋开始着重表现空灵悠远的意境，在画面中留下大片空白，构图偏于一角或一边，借虚实的安排，经营出无限空间感。在技法发展上，有马远的"大斧劈皴"、夏珪的"拖泥带水皴"，更增加了山水表现的技术。元代山水趋于写意，侧重笔墨趣味，同时出于受外族压迫的抑郁，风格偏向出世、萧疏或苍凉的意味，著名画家有赵孟頫、黄公望、倪瓒、吴镇和王蒙等。明代山水风格倾向追求文人雅士的风雅气息，在法度规范上则强调仿习古代大师，著名画家有沈周、文徵明、唐寅、仇英。沈、文学元四大家，唐、仇学南宋李唐、刘松年。清代山水画缺乏创新性，王监、王翚、王时敏、王原祁四家皆亦步亦趋地追随古代大家，忽略从真实自然中汲取灵感的创造力。而明代遗民石涛、八大山人、髡残、弘仁等，寄托亡国之恨于山水画中，别创一种特殊的意境，脱离明清画坛一味仿古的积习。

二、"天人合一"观的概念

在《大辞海·哲学卷》中关于"天人合一"是这样解释的：强调"天道"和"人道"，"自然"

和"人为"的相通、相类和统一的观点。最早由战国时子思、孟子提出，他们认为人与天相通，人的善性天赋，尽心知性便能知天，达到"上下与天地同流"。庄子认为"天地与我并生，而万物与我为一"，人与天本来合一，只是人的主观区分才破坏了统一。主张消除一切差别，天人混一。西汉董仲舒强调天与人以类相符，"天人之际，合而为一"（《春秋繁露·深察名号》）。宋以后思想家则多发挥孟子与《中庸》的观点，从"理""性""命"等方面来论证天人关系的合一。明清之际王夫之认为"惟其理本一原，故人心即天"（《张子正蒙注·太和篇》），但强调要"相天""造命""以人道率天道"。天人合一各说，力图追索天与人的相通之处，以求天人协调、和谐与一致，实为中国古代哲学的特色之一。[1]

其实"天人合一"的观点存在于中国古典哲学的很多个方面，在中国古典哲学中，自然观是一个哲学术语，它代表了古代人类对自然世界的认识，古代人类将自然看作一个不断运动却又相互联系的整体。而"天人合一"是自然观众多观点中的一个。"天人合一"这一概念是中国哲学基本精神的体现，同时也是中国艺术中哲学理论的基石。

中国山水画是一种文人画，中国古代文人墨客多受儒家学说影响，而儒家学说中所强调的"人化自然""君子比德"都是要强调提倡一种品德与生态审美相互结合的价值观，督促人们去尊重自然。

[1] 夏征农，陈至立. 大辞海·哲学卷[M]. 上海：上海辞书出版社，2015。

而在道家的哲学观点中，强调"天地有大美而不言"[1]"天地与我并生，万物与我为一"[2]，同样也是推崇一种以自然美为美的标准的核心思想。在中国古代思想中，朴素的生态审美意识是人与自然的一种交融，自然便是美的最高级体现。

我们可以看出在中国古代自然观的视角下，"天人合一"这一观点更多的是指在古代原始经济的发展状态下，人的道德原则与自然界的普遍规律是相同的，强调人类与自然是没有区别的，从而鼓励人们去尊重自然的生态之美，引导人们去思考自己在自然之中的定位，正视人类与自然和谐共处的关系。

三、生态建筑的概念

生态建筑学是一门非常年轻的学科，这是一个外来词汇，五十多年前，美国建筑师Paolo.Soleri通过研究城市建设发展、环境、经济、能源等多方面因素，提出了"大桥城市"的设想，他主张把生态平衡放到与城市发展同等重要的层面上来，他将"Ecology"（生态）与"Architecture"（建筑学）两个单词合并，创造出了"Arcology"（生态建筑学）这个专业词汇。

生态建筑理论所强调的"建筑与自然的和谐共生"贯穿这一理论的始终，赖特的"有机建筑理论"是生态建筑理论的雏形；1969年美国景观建筑

[1]《庄子·知北游》。
[2]《庄子·齐物论》。

[1] 宋晔皓. 欧美生态建筑理论发展概述[J]. 世界建筑. 1998 (4)。

师麦克哈格所著《结合自然的设计》的出版，标志着生态建筑学正式诞生；1976年，施耐德基于仿生角度首次提出生物建筑运动，大力宣扬使用天然建材、传统的营建方法，主张自然通风、自然采光和天然取暖等。建筑建成后的各种物质和能量交换用具有渗透性的"皮肤"来完成，以便维持一种健康的、适宜居住的室内环境。[1]1993年美国出版的《可持续发展设计指导原则》将生态建筑理论中所体现的"生态"更加具体化：在尊重场地自然环境的基础上，充分利用场地自然条件优势（地形、气候、当地材料等），将其融入设计，使生态设计的生态效益最大化。

可见，生态建筑就是在生态学的视角下，重新审视建筑学，更加注重建筑的环保性与生态性，重视建筑本身与周围自然环境的关系，减少能源的浪费与垃圾的产生。相近的词汇还有"可持续发展建筑""绿色建筑""绿色生态建筑"等，它们概念相似，但是从不同角度描述，本文不再做详细阐述。

四、物我和谐的概念

本文中的物我和谐特指人、建筑、自然三者之间形成的一种稳定、协调、彼此没有对立、矛盾、冲突的状态，追求的是天人合一的境界。

第三节　研究综述

在中国传统山水画数千年的发展历程中，绘画的方式、技法、所蕴含的情感也一直不断地随朝代更迭而发生相应变化，但中国山水画中所传达的"天人合一"观却历久弥新，它是在中国传统哲学思想的熏陶下生发且强大的。虽然生态建筑是仅具50多年历史的年轻学科，但从萌芽到成熟，其极力想向世人传达的与自然和谐共处的观念便与中国山水画中所蕴含的"天人合一"的生态哲学观不谋而合，因此本文探讨的是中国山水画中的"天人合一"观与现代生态建筑理论之间的联系，以及"天人合一"观对现代生态建筑理论的助益。

因为当前以中国山水画中"天人合一"观为切入点的生态建筑理论的研究成果相对较少，所以本书的研究综述主要集中于以下三个方面：中国传统山水画的发展历程、中国古典哲学中"天人合一"观的发展历程、生态建筑理论的发展历程。

一、中国传统山水画的发展历程

纵观中国传统山水画的发展历程，关于它最早的相关理论文献可以追溯到东晋宗炳的山水画论著《画山水序》。《画山水序》全文的篇幅并不算长，但在中国的绘画理论史上却占据着举足轻重的位置，当时亦引起了极大反响。《画山水序》传达出非常浓厚的释家唯心主义思想，全文的开端便是通过释家的观点来论证山水之美，之后通过描述古代先贤对"仁智之乐"和山水是"道"的推崇，总结出山水之美；接下来作者讲述了自己为什么创作山水画以及山水画理论能成立的意义，论证了用透视法实现"存形"的原理，以及更进一层的"栖形感类，理入影迹"[1]；最后以"畅神"阐述山水画的功能、价值，表明其所具有的精神解脱意义。单从山水画的绘画视角来解读的话，文章中作者认为山水画应该注重对事物的观察，深入了解自然中各事物的特性，尊重事物的客观规律，对山水画的创作应该符合"丘壑内营"的规律。这是作者在"天人合一"哲学思想的耳濡目染之下，结合自己三十余年的创作体会总结出的一套完整的山水画创作理论。"余眷恋庐、衡，契阔荆、巫"，[2]是指要多看，多观察游览山水。"身所盘桓，目所绸缪，以形写形，以色貌色"，"画象布色，构兹云岭"[3]是指游览观察后就可以开始作画了，但是又有别于西方的绘画写生。"以应目会心为理"，"目亦同应，心亦俱会"，"虽复虚求幽岩，何以加焉？"[4]这里强调的是通过观察、记忆来完成创作，并非对着真实的山水进行写实绘画。因此后辈画家在山水画创作上亦都遵循"丘壑内营"的规律。在山水画的绘画技术问题上，作者宗炳也提出了建设性的方

[1] 东晋宗炳《画山水序》。

[2] 东晋宗炳《画山水序》。

[3] 东晋宗炳《画山水序》。

[4] 东晋宗炳《画山水序》。

法，他将透视学的原理引入山水画的创作中，得以将巨大的山水引入小小的画卷之中。他提出"去之稍阔，则其见弥小"，故"张绢素以远映"，"竖划三寸，当千仞之高，横墨数尺，体百里之迥"[1]。这种前卫的绘画透视理念比西方先进数百年。除了创作原理和绘画技法外，宗炳在《画山水序》中还将顾恺之关于人物画的"以形写神"理论引入山水画的创作理念之中，从释家的视角提出"山水质有而趣灵""山水以形媚道"[2]的观点，通过观点论证"圣人以神法道"[3]，山水既为"道"之表现，所以山水也是"神"的表现。其本质是在山水画创作中继承并升华了顾恺之用于人物画的"以形写神"论。《画山水序》作为我国山水画论的开端，对后世的画论产生了深远的影响，并具有普遍的生态美学意义。后期如王微的《叙画》、郭熙的《林泉高致》、张璪的《画论》、符载的《观张员外画松石序》、王维的《山水论》与《山水诀》等也都在不同视角下对中国山水画提出了自己的观点，亦对后世山水画的创作产生了直接或间接的影响。

在近现代的理论研究中，韩刚先生在《谢赫"六法"义证》一书中仔细地考证了"六法"的原本含义，通过对大量史实资料的考证，结合留存的文物等，详细分析了"六法"背后六朝部分美术史变革和思想变化的背景，并提出如"气"延续于汉代、"韵"源于西方国度，"六法"的提出与当时流行的佛经之间亦有密切联系等新颖的观点。徐步

[1] 东晋宗炳《画山水序》。

[2] 东晋宗炳《画山水序》。

[3] 东晋宗炳《画山水序》。

先生在《中国山水画论研究》一书中，结合自己多年的山水画创作经验，对中国古代的山水画论进行收集整理和分析研究。汤洪泉先生在《中国山水画文化传承研究》一书中针对中国山水画文化传统的相关内容进行了相应分析，其中还包括一些中国山水画文化发展历史的研究，主要包括中国山水画的产生与萌芽、中国古典山水画发展的脉络、中国早期山水画的特色、中国山水画创作的题材、古代思想流派对中国山水画的影响、中国山水画与五行艺术之间的关系、中国泼彩山水画的源起与理论构建等内容。谷利民先生在《全神尽相：中国传统山水画研究》一书中则以朝代沿革为序，分为魏晋南北朝、隋唐、五代、两宋、元代、明代、清代以及民国以后等八个章节，比较全面地研究了山水画各个时期的特点、主题、内涵、意境、技法、布局、设色等内容，为中国传统山水画的艺术研究提供了一定的文化价值和学术价值。

其他国家亦有许多非常关注中国传统山水画的学者，他们关于山水画的理论研究成果包括美国学者班宗华的《行到水穷处》、巫鸿先生的《时空中的美术》、日本学者青木正儿的《中国文人画谈》等，都是基于不同的国际视角对中国山水画进行的系统理论研究，极大丰富了中国山水画理论研究的维度。

中国传统山水画的产生与发展并不只是单纯的艺术发展过程，其背后蕴含着深厚的哲学思想，将"天人合一"观与山水画的发展进行平行式研究可以清晰理出"天人合一"影响下中国画发展的脉络，以及儒释道精神对于中国画在不同时期的影响与体现。

二、中国古典哲学中"天人合一"观的发展历程

"天人合一"是中国哲学的重要精神，是贯穿中国哲学内核的主线思想，是中华民族思维方式和生态审美境界的综合性体现。在探索天与人关系的历程中，其在不同时期呈现了诸多不同的观点，其以"神人以和"的观念为起始，将天看作神，人与天之间的关系是一种敬畏的上下级关系，人完全臣服于自然；而先秦时期道家思想"天人合一"中的"天"代表的是道法中的"真理""法则"，此时"天人合一"则是指将先天、自然存在的事物与人相合，归根复命，宇宙是"天人合一"中所言的大天地，人则是一个个独立的个体，但在天地与人之间却存在着本质的相通。"天人合一"中的"天"在道家概念中是"自然"的代表，老子说："人法地，地法天，天法道，道法自然"[1]，无论"人"还是"天"，归根到底都是自然，在"天人合一"的概念中，人与自然之间具有一体性，人尊重且亲近自然。先秦儒家的"天人合一"观则是以《周易》中提到的"与天地合其德"为代表；西汉哲学家董

[1]《老子·二十五章》。

[1]《庄子·秋水》。
[2]《老子·十六章》。
[3]《老子·三十七章》。
[4]《庄子·齐物论》。

仲舒提出的"天人感应"则主要是为提案"天赋神权"的统治阶级观点服务的,将"天"赋予了宗教色彩和封建主义;北宋思想家张载则从气化论角度对"天人合一"进行了诠释与命题。纵观中国传统文化的发展与文明构成,都与"天人合一"思想有着密不可分的联系,这种哲学思辨方式影响了人们观察和思考的方式,由此衍生出诸多的思维模式。本文讨论的正是道家所诠释的"天人合一"观,李泽厚先生对于道家的"天人合一"观曾诠释如下:"是一种符合自然而又超越自然的高度自由的境界,因而也是一种审美的境界",这也是本文研究"天人合一"观的主要侧重点——生态审美属性。

关于道家"天人合一"的生态审美境界,庄子说"吾在天地之间,犹小石小木之在大山也"。[1]人与自然之间的关系与任何小石小木和自然的关系相同,一样的渺小且一样的相连,小石头小树苗组成了自然,人的存在也组成了自然。老庄所主张的"致虚极,守静笃"[2],"无为而无不为"[3],"天地与我并生,万物与我为一"[4],强调的皆为无须外加的修饰(人工化的活动),认为"天人合一"是一种自然而然的存在。

三、生态建筑理论的发展历程

在生态建筑理论的萌芽阶段,其主要侧重于对当地自然环境以及气候的适应,主要目标是创造令使用者感到舒适的居住环境,此时以美国弗兰克·劳埃德·赖特为代表,其提出了著名的"有机建筑"理论:"我努力使住宅具有一种协调的感觉,一种结合的感觉,使之成为环境的一部分,如果成功,那么这所住宅除了在它的所在地点之外,不能设想放在任何别的地方。它是那个环境的一个优美的部分,它给环境增加光彩,而不是损害它","有机建筑应该是自然的建筑。自然界是有机的。建筑师应该从自然中得到启示。房屋应当像植物一样,是地面上的一个基本的、和谐的要素,从属于环境,从地里长出来迎着太阳"[1],这一时期的生态建筑理论多强调建筑与周边环境外观上的整体性及建筑材料与周边环境内在的哲学意义上的整体性。而同时期的富勒当时便具有能源危机意识,主张"少费而多用",从结晶体及蜂窝的梭形结构得到启发,追求用最少的结构提供最大的强度,并最大限度地利用能源,侧重用技术节约能源,为自然减负。

《寂静的春天》的出版让世人开始正视能源危机与污染问题,开始了世界性的大规模绿色运动。随着对太阳能和被动式制冷等方面研究的深入,越来越多以降低建筑耗能为目的的设计开始涌现。因此自20世纪四五十年代起,"气候"和"地域"成为影响生态建筑设计的两大主要因素。1963年建筑设计师奥戈亚提出了《设计结合气候:建筑地方主义的生物气候研究》,其在文中将建筑的设计过程重新定义为依照气候条件、依照生物条件、依照现

[1] Frank Lloyd Wright. The Future of Architecture[M]. Horizon Press, 1953

有技术水平进行建筑设计。遵循生物气候学的基础理论对建筑进行本土化的设计是这一时期生态建筑的主要设计方式，对之后的生态建筑设计影响深远。

1973年"石油危机"的爆发给了世人当头棒喝，人们开始清醒地认识到不可再生能源的极大局限性，自此兴起太阳能、风能、水能、生物能等可再生能源的研究，仿生建筑、生土建筑、地下建筑、乡土建筑等亦一直是生态建筑的重点研究对象、获得设计灵感的来源。

埃及建筑设计师哈桑·法赛把本国气候环境和贫民需求作为创作基础，注重从埃及传统民居的建筑语汇中解析本土气候、文化的代表元素，提出了"与气候相结合的建筑设计"；施耐德——生物建筑运动的先驱，在德国成立了生物与生态建筑学会，基于仿生角度的生物建筑运动大力宣扬使用天然建材、传统的营建方法；主张自然通风、自然采光和天然取暖等；日本建筑师提出的"共生建筑"概念、马来西亚建筑设计师杨经文设计的"绿色摩天轮"等都为当代的生态建筑设计提供了强有力的研究方向，并在实践中扩展了这一理论的内涵和深度。

自1980年，"可持续发展"一词首次在世界自然保护联盟（IUCN）发表的《世界自然保护大纲》中出现，其历经不断发展，至1993年，美国国家公园出版社出版《可持续设计指导原则》（*Guiding Principles of Sustainable Design*），以可持续发展理念为核心的"生态设计"已涵盖生活的方方面面，其在建筑领域的地位更是举足轻重，成为势不可当的潮流趋势。

总体来看，美国及日本等经济发达国家已经在生态建筑这一领域进行了实践性的尝试，德国则是在建筑科技如建筑节能、节水、太阳能利用等方面取得了相对丰硕的研究成果与进步，其开发研究的技术设备也已经在建筑设计中被大规模使用。

虽然目前生态建筑设计成为建筑领域的主流，但现行的相关理论却引导着相应实践向浮于表面的"外观""技术"生态上越走越远，对于"生态建筑设计"的本质却不得要领，导致一些现有的生态建筑实践并未将对自然环境的破坏以及自然资源的消耗降到最低，从生态角度出发的研究成果也往往侧重于不系统的建筑技术，而未将"设计"与"技术"相互整合，未从策略的层面进行总结和阐发，因而常表现出偶然性和随机性。

第四节 研究的目的及意义

一、研究的目的

近年来，现代建筑迅猛发展，但随之而来的却是巨大的能源消耗，其对于自然环境也产生了极大的负面影响，各类环境污染不断加剧，甚至以污染换得发展的经济亦受到反噬，追求降低建筑能耗的生态建筑成为解决这些问题的突破口。目前，虽然生态建筑在技术以及理论上取得了一定的发展和进步，但现今盛行的大量生态建筑却多着重于用高技术降低能耗，相关高技术背后隐形的能耗透支并没有得到重视，如何实现人—建筑—自然三者和谐共生的问题并没有得到本质的解决。"天人合一"这一蕴含生态审美的哲学理念与生态建筑理论对于人—建筑—自然三者关系的界定如出一辙，而中国传统山水画将古人的"天人合一"观跃然纸上，十分直观，所以对中国传统山水画中的"天人合一"观进行研究可直接助益当代生态建筑理论的研究，加强其生态美学属性以突破当前的研究瓶颈。生态建筑与传统山水画之间的互通关系通过"天人合一"这一哲学理念得以实现，让古代哲学中的生态性美学思考与现代建筑设计理念得以交融。运用对传统艺术文化的相关了解，借助各类文献对其进行深层次的精神探寻，将"天人合一"这一中式传统哲学理念与现代盛行的生态建筑理论进行碰撞，以期寻求一种精神层次的生态审美回归。这既是对于历史的追寻，也是借古鉴今，以谋求长远发展，造福后世。

二、研究的意义

中国传统山水画具有极强的文献参考意义，在人们的需求、环境的变化、画面比例的要求等影响下，建筑在画面中扮演着不同的角色、发挥了多样的作用，其在丰富画面意境的同时也表达了文人阶级内心隐藏的生态美学思考。基于当时人们的生活空间，建筑作为人工化活动的代表，在画面中与自然环境中的山水、植物和谐共融，这便是"天人合一"这一中国传统哲学思考在山水画中的最大体现，其对于当今的生态建筑设计具有很大的借鉴作用。

因此针对能源与环境问题，从中国传统山水画所记录的园林建筑形态入手，探索古人"天人合一"的审美观念与现代生态建筑设计理念的融通与创新，提出适于不同地域生态环境的建筑形态及区域微气候营造生态策略，实现生态建筑设计方法的视域扩展和优化转型，拓展生态建筑设计的宏观理论和微观技术，期望能给现代生态建筑理论注入新的活力，最终实现在削弱建筑对周边环境不利影响的同时，将区域环境富有的、可再生的自然资源能量转化为降低建筑能耗的有效对冲能量，以生态反哺方式改善区域环境生态品质，进而实现自然环境中生态效能不同形式的能量转换。

第五节　研究的内容及方法

一、研究的内容

本阶段共分三个部分。

第一部分是在选取典型画作并结合文献的综合研究基础上，解读中国山水画受到"天人合一"观念而形成的多视点透视法，据此提出对建筑场地进行全方位勘察以得到宏观掌控，进而用"以大观小"的设计思维进行生态建筑创作之法。

第二部分仍采取画作与文献综合研究的方式，侧重于解析山水画在"天人合一"观念指导下的创作布局，从生态视角解读建筑形态、建筑与周边环境乃至与人的关系，理出其蕴含的生态设计逻辑，以期给当代生态设计理论以启示。

第三部分分析当前生态建筑理论指导下的实践状况以及存在问题，用第一、第二部分从中国山水画"天人合一"观念中得出的启示，为实现新时代的人、建筑、自然的良性循环共存模式提出切实可行的生态设计策略指导。

二、研究的方法

本课题的研究方法侧重于多角度综合研究，具体如下。

1.物证分析与文献查阅法

选取有代表性的中国传统山水画为物证，并大量查阅与之相关的史料记载，同时运用图像学理论来直观分析山水画在"天人合一"观念影响下的多视点透视以及创作布局。

2.案例研究与系统分析法

运用相关山水画的实例资料,以点带面地用案例解析中国山水画中"天人合一"观念的可视物证,辅以系统分析法,找出事物运动变化的规律。

3.跨学科交叉互融的研究方法

本课题涉及美学、艺术学、设计学、生态学、文学等,须在研究问题时,融合各学科相关知识。

4.历史与现实相结合的研究方法

立足当代生态建筑理论,吸收中国山水画"天人合一"观念中的有益启示,并用现代生态设计角度加以阐释,将二者相融,进而得以嬗变。

第六节　研究的创新点

中国传统山水画用图像的方式保留了中国古代建筑的生态营建模式,并且这二者具有"天人合一"的同源性,因此从中国传统山水画的角度去挖掘"天人合一"观于生态建筑中的具体体现,十分直观且具有极强的说服力,打破了以往仅从各类文字性的史料进行解读的单一思维模式,更具有创新意义。

本课题将"天人合一"这一中国传统哲学观

念在传统山水画中的具体体现进行了直观阐述，而后与当下大力提倡的生态建筑理论进行对比分析，在平行思考的思维模式指导下分析两者之间存在的共性与差异，旨在探寻一种求同存异以正视时代需求的共融的可能性：虽然"天人合一"属于低端文明的范畴，但事物越低端简单，其生命力反而经久不衰，而生态建筑理论是人类高度文明后的产物，隶属于高端文明的范畴，但事物越高端复杂，其局限性反而越大，极易被摧毁，就好比"天人合一"犹如低端生物海藻，而生态建筑理论犹如高端生物恐龙。虽然高端和低端是分化的两级，但这并不意味着低端的即过时的或二者是对立的。当代高度发展的生态建筑理论和"天人合一"具有很大共性，现今盛行的可持续发展理论即带有返璞归真的意愿，目标也在于获得长远发展让生命不息，因此"天人合一"观对生态建筑理论具有很好的补益作用。当然这种补益并非生硬照搬，而是在明确二者差异性，并尊重彼此差异性基础上的借鉴，"天人合一"主保守，侧重不施加任何外力完全顺应自然，而现代的生态建筑理论则侧重在保护自然的前提下积极改造世界以满足人类不断发展的需求，所以将"天人合一"引入生态建筑理论的最佳状态便是：将人主动改造世界的能动性和尊重自然规律相结合，要善于向自然学习，以实现对自然最小的破坏，同时又最大地满足人类改造的需求。

第二章 "天人合一"观在中国
山水画中的表达与演进历程

第一节　山水画中"天人合一"观的哲学和文化研究

中国山水画是在中国哲学思想的文化土壤上孕育出的生命之树，是中国哲学精神观照下谱写的华美乐章。作为中国传统文化浓墨重彩的一页，它与中国哲学精神相得益彰，在思想内涵与本体追求上融会贯通，在发展演进上相辅相成，在理论品格及视觉呈现上较为一致。中国哲学思想与中国山水画不仅"水乳交融"，而且中国哲学构成了中国山水画的内在的生命和灵魂。中国哲学以"究天人之际"为己任，探寻天地人、物我之间的相互关系，这构成了中国山水画生态审美智慧的直接来源。首先我们从哲学的角度来探究中国山水画"天人合一"的艺术精神、本质特点以及画面呈现。

一、"天人合一"思想在中国哲学史中的地位与溯源

人类文明来自思想，"天人合一"作为一种理

想和思维模式，发端于先秦哲学，殷周时期的《周易》中出现了中国哲学所特有的阴阳相克相生观念和变易观念，《尚书·洪范》的五行观念，提出了朴素的天道物性和人道规范思想。这种天命论思想，注重万物的有机统一，强调天、地、人的不可分割，也可以说是儒道两家共有的思想。

在中国哲学史上，对"天"的理解不尽相同，但"它的一个最基本的含义就是指自然界，即天地之'天'、自然之'天'、物质之'天'。"季羡林先生认为"天人合一""天"就是大自然，而"人"就是人类。天人合一就是人与大自然的合一。[1]

王东岳先生认为中国思想史上唯一哲人老子在《老子》中提出了人之道和天之道的概念，我们今天所说的人道主义就是从老子人之道中衍生来的，所谓天之道就是宇宙观，就是自然观，就是天地运行的总规则、总律令；所谓人之道，就是人类文明之道、人类社会之道、人类行为之道，如果我们只谈人之道，那么人之道的根据和依据是什么？所以我们必须首先追究派生了天地万物乃至人类的天之道的运行规律，才有能力探讨人之道应该怎样运行。

在谈到人之道的最高境界时，庄子认为人的身体、性命都不是人所私有，而是属于天地万物的，也就是说，人的一切都不是独立于自然之外的，而是天地之气物化自然之物。

[1] 季羡林．"天人合一"方能拯救人类[J]．东方杂志，1993年创刊号。

舜问乎丞曰："道可得而有乎？"曰："汝身非汝有也，汝何得有夫道！"舜曰："吾身非吾有也，孰有之哉？"曰："是天地之委形也；生非汝有，是天地之委和也；性命非汝有，是天地之委顺也；子孙非汝有，是天地之委蜕也。"[1]

庄子的这些话从不同角度追求的都是"天地与我并生，而万物与我为一"[2]的"天人合一"境界。

道家将各种生命现象看作一个大的整体，也将世界环境当作一个有机的系统，强调人的生理需求与自然需求之间的和谐共存。各生命体的物理属性相互影响、互相支撑。在环境范围内追求共生、和谐。哲学是时代精神的升华，道家思想作为一种哲学理念，引导人们感悟世界、认识世界。探查世界发展的规律，道家思想在中国有很深远的历史影响。这种对天道的顺应直接反映到诗歌、绘画、建筑等艺术门类中。老子哲学—美学思想的当代价值是难以估价的，它作为东方古典形态，具有完备理论体系和深刻内涵的存在论哲学美学思想与人生智慧，业已成为人类思想宝库的一份极为重要的遗产，也是当代人类疗治社会与精神疾患的一剂良药。[3]

儒家作为"道家的对立面和互补，在历史发展演变过程中，既互相对立又互相渗透，共同成长为中国古代哲学、美学的主流。在塑造东方文化结构和艺术理想、审美兴趣上，与道家一道，起到决定性的

[1]《庄子外篇·知北游》。

[2]《庄子·齐物论》。

[3] 曾繁仁.生态存在论美学论稿[M].吉林：吉林人民出版社,2009:167。

作用”。儒道互补也成为几千年来中国思想发展的一条基本线索。以董仲舒为代表的儒家思想是中国哲学发展的重要阶段。汉武帝“罢黜百家、独尊儒术”，儒学借此一方面发挥《春秋》中的“微言大义”，把儒家学说上升到政治高度，凸显其政治价值；另一方面以阴阳五行论来构建“天人感应”的神学理论，“天者，百神之大君也”。王者“承天意以从事”[1]，努力把儒学说成以“天”为宗的宗教模式。以董仲舒为代表的儒家思想，“虽然出于统治需要有神秘化特色”，但继承了“天地之大德曰生”天行健，君子以自强不息”，《周易》的儒家精神，把天人视为同一体，在中国美学史上常常为艺术家所遵循。

宋代，张载明确提出“天人合一”的概念：“儒者则因明致诚，因诚致明，故天人合一，致学而可以成圣，得天而未始遗人。”[2]诚明就是天道和人性的统一，天人同性。同时他对天人合一进行了明确阐述，进一步描述了：“乾称父，坤称母，予兹藐焉，乃混然中处。故天地之塞，吾其体；天地之帅，吾其性。民吾同胞，物吾与也。”[3]

这里的“天”是指无限的客观世界，“由太虚有天之名”[4]，“天大无外”[5]。

程颢提出“以天地万物为一体”的学说：“人与天地一物也，而人特自小之，何耶。”[6]强调天道与人道的同一，在程颐的理论体系中，天就是理，性也即是理，理是贯通性天的根据。“道未始有天

[1]《春秋繁露·郊语》。
[2]《正蒙·乾称》。
[3]《西铭》。
[4]《正蒙·太和》。
[5]《正蒙·太和》。
[6]《程氏遗书》卷十一。

[1]《二程遗书》卷六。

[2] 张岱年．中国哲学大纲[M]．南京：江苏教育出版社，2005：180。

人之别，但在天则为天道，在地则为地道，在人则为人道。"[1]这里的道就是性。

此后的理学大家朱熹与心学代表继承和发扬陆九渊关于天人关系的思想，继承了二程学说，强调"性即理说，认为人之性即同于宇宙之本根，人秉受宇宙之本根以为性，性在于心中，而心不即是性。心即理说，则谓人之心即同于宇宙之本根，人得宇宙之本根以为心，心性无别"。[2]

另一心学大家明代王阳明提出"仁者以天地万物为一体"，他强调"心即理"，心外无物，心外无理，人心即是天地万物之心。"天人合一"，在此意义上天道与人道合一。

天人合一是始终贯穿中国哲学史的一个重要核心，是中国哲学的根本特征。

在中国哲学史上，儒道两家对天人关系的看法是相通的，道家的天人合一观更重视天，强调"以人合天"，由天道引出人道。通过"无为"的态度来做"有为"的事业。儒家道德追求的最高境界即是"与天地合其德"，从人道出发，"以天合人"，也就是能够使万物得生，做到参天地之化育。无论道家的"无为"，还是儒家的"有为"，从根本上说，他们追求的都是宇宙生命的广大和谐，都是以"天人合一"为最高的思想境界和审美意向，这种思想对中国山水画产生了重要的影响。

二、"天人合一"生发的历史样态

任何一种思想的产生都与其生长的时代、自然环境、社会环境有着深刻的历史动因，为什么只有中国这片土地产生了天人合一的宇宙观？它与现代的生态概念又是怎样的一种关系？

自然条件构成了人类文明萌发的土壤，中国文化中追求人与自然和谐的天人合一思想也要追溯到它所赖以产生的自然条件，才有可能获得一个深入的理解。

首先，从周边环境来看，我国处在亚洲大陆的东部，四周都有天然屏障限隔，形成了一个相对孤立、封闭的地理环境。在我国的东面和南面是浩瀚无垠的太平洋，北面是荒漠、草原乃至高寒冻土地带西伯利亚，西北是茫茫的戈壁大漠与帕米尔高原，西南是号称"世界屋脊"的青藏高原，西南面云贵高原加横断山脉。古人根本无法翻越，这就是为什么中国古代到印度，只能走河西走廊，一直到阿富汗才开始南下到印度的原因。东面是广阔的太平洋，古人在当时的条件下根本无法在那里划船出海。中国四周的高山大洋既束缚了中国与外界的交流，也为中国挡住了来自外部的异族入侵从而免遭灭顶之灾，同时避免了更为强劲的文化的冲击。这就为中国文化赢得了独自生长的机会。由于地貌封闭，它的最原始文化进展缓慢，没有像环地中海的希腊文明快速扬弃了自己的原始文化。

地中海是连接在欧亚非大陆中间的一个狭小的内海，由于风平浪静的自然环境，在远古时代，环地中海周边的居民可以轻而易举地使用独木舟横渡地中海。而环地中海文明的发源地希腊面对的爱琴海分布了上千座小岛，这使得人们出海时总能看到前方地平线上的小岛，降低了人类在茫茫大海上航海的恐惧感和危机感。正是这些原因使得环地中海的居民远在五六千年以前就可以横渡地中海，通过海运进行对外交流，由于希腊以山地为主、土地贫瘠，随着人口的增长，适于农耕的土地很少无法增加耕地面积，当地的粮食生产已经养活不了当地人，古希腊人被迫率先进入工商业谋生状态。而海运由于环地中海的开放地貌，成为商业文明的生发点。希腊由此而走上了商业和殖民的道路，他们把当地特产的橄榄榨油、把高产的葡萄做成葡萄酒。后来又发展大量的手工艺品，然后渡过地中海，在北非古埃及和近东古巴比伦换取粮食。这是人类规模化、系统化工商业文明的一个开端之地。这就使得地中海成为地球上唯一一个原始文明开放地貌。水运也就此成为人类最重要的运输通道，迄今仍然是世界上最经济、运输量最大的运输通道。

对于民族文化精神的形成，"从文化发展的角度看，真正具有决定意义的是一个民族的生活方式，主要是生产方式"[1]。而生产方式的选择完全是这个民族所处的自然地理地貌和自然物候条件决定的。

中国由于地大物博，自然条件优越，有利于农

[1] 刘纲纪.传统文化、哲学与美学[M].武汉：武汉大学出版社，2006.263。

耕经济的发展，在大的地理环境上四周被高山大洋封锁的同时，国内的主要河流长江、黄河、淮河都是东西走向，水运贸易交流基本上是在同纬度地区进行，同纬度地区的物产差别不大，贸易交换的意义也就没有内在的动力，更为重要的是，中国自古以来重农抑商，重视农业，压抑工商业。中国早在周代、春秋时期，一直到清代中期，数千年来，中国的人口阶层分布叫士农工商，商人的社会地位最低。那么中国放弃压抑工商业的国策，会出现什么样的情况呢？在全封闭地貌下，中原是唯一产粮食的地方，商人在中原以外的地方是换不回粮食的，而且你还得拿中原地区的粮食做成本去换回其他物品，由于经商的利润远高于农业，大规模的商业活动会消耗大量的粮食，由于劳动生产率低下，农业劳动力始终觉得不足，工商业再吸收大量的农业劳力会造成农业减产，中华民族的生存将出现严重危机。这跟古希腊的工商业文明正好相反。古希腊的商业正是通过环地中海换回最基本的生活资料粮食，而中国的商业活动恰恰是丧失粮食的过程，所以中国采取压抑工商业的国策也就很容易理解了。

由此可见一个国家的政治国策，都是被地理、地缘条件和自然物候所限定的，那么它的思想文化必定与这种生产形式和宗法制度形影相随。

任何文化，都是人类自然进程的接续产物，它实际上是自然因素和人类生存自发因素的合成关系，是一种生存结构形式。人类生产力水平不断提高的过程，就是人祸取代天灾的过程，人类文明进化的过程也是自然因素对人类社会影响淡化的过程。人类越原始，自然因素对人类生存和人类生产的影响越大。因此外在自然因素对古老文明和古老文化的生发起到了决定性作用。而今天，外在自然因素对人类内在文化和文明结构的影响逐步减弱，这使得我们忽视了自然因素在人类文化和生存环境接续中的重要地位，这也是我们今天重新审视和理解古代文化的主要原因。

由于地理地貌和自然物候条件决定了中国远古时代的农耕文明，在农耕文明的初期，人类完全靠天吃饭，狩猎、采集植物和果实、种庄稼这一切都得靠上天的恩赐。古代没有发达的灌溉系统，如果天不下雨，庄稼不会有收成，农业文明就没法发展，所以凡是农业文明，它一定是靠天吃饭。看上天的脸色，祈求上天对自己的眷顾。当然也就不可能去妄想战胜自然了，它只能寻求亲近自然、适应自然。

从人与自然的关系看，"在东方，原始氏族社会那种人与自然直接的、统一的关系被保存下来，自然被看作是同人类生活不可分离地、天然地联系在一起的东西。"[1]

《周易》是儒家经典中最早阐述"天人合一"思想的，它所包含的生态伦理思想对后世的影响极大。它是这样表述天地、自然、人与社会秩序的："有天地，然后万物生焉，盈天地之间者，

[1] 刘纲纪.传统文化、哲学与美学[M].武汉:武汉大学出版社,2006.263。

唯万物，有天地，然后有万物，有万物，然后有男女，有男女，然后有夫妇，有夫妇，然后有父子，有父子，然后有君臣，有君臣，然后有上下，有上下，然后礼义有所错。"[1]

这段话完整地表达了"天人合一"的连续性。它讲有天地才有人，有人才有夫妻，有夫妻才有父子，有父子才有君臣。然后才有了礼义文化。就是自然社会或者动物社会的延续。

《易经》还有：一阴一阳之谓道，继之者善也，成之者性也。[2]"阴阳不测之谓神"[3]等这样的表述，它所说的道是天地运行之道，是一种宇宙观，一种自然规律，而不是西方神学上帝创造世界所遵循的那个道。这里所说的"神"是对天地玄妙变化的追问和尊崇。

中国以自己的祖先为神，传说中我们的祖先是由盘古开天地，女娲缔造人类，伏羲为人类打开智慧，黄帝、炎帝为人类开启文明。古人以"人所归为鬼"[4]，认为自己过去逝去的先人，回到它最初来的那个地方叫鬼，这就是中国的鬼神概念"祖先敬仰""人伦关注"，这是中国文化的一个基本形态。这一基本形态的另一个重要表述认为自然界总体就是神，中国古人认为神就是自然的泛指，这种意识在周代以前就已经有所显现，商代末期"天"的概念就已经出现。

"天人合一"思想的生发，是中国特定历史环境下农业文明的必然产物，是农业文明的典型思想

[1]《周易序卦传》。
[2]《易经·系辞上》。
[3]《易经·系辞上》。
[4]《说文解字鬼部》。

样态。经过历史长河的洗礼，逐渐形成了"天地崇拜"，以祖先为神，以自然为神，这有别于西方的上帝崇拜。

三、山水画的产生及与"天人合一"思想的唱和

探索一种艺术形式及其精神内涵，应当并不止于具体艺术形态本身，而是回归孕育其产生的"社会母体"。

中国绘画最早可见于新石器时代的彩陶纹饰和岩画，秦汉时期由于国势强盛，绘画艺术得到了空前的繁荣与发展，其艺术成就以墓室壁画、画像石、画像砖等为代表，并出现了具有一定价值的绘画思想，魏晋南北朝时期，社会动荡不安，战乱频发，造成中国社会"仕隐分流"，隐士阶层希望借助佛学、道学来给自己创造一个精神上的安栖之所，当时玄学兴起，佛学东渐，寄情山水以摆脱现实生活中的痛苦成为一种社会风气，隐士阶层厌倦世间纷争，回归自然，纵情山水，通过自然山水的描绘"畅神"于"天人无际""天人合一"。

人们对自然山水的审美实践和对生命存在的反思，推动了中国山水画题材的出现，唐代张彦远所作《历代名画记》和北宋郭若虚所作的《图画见闻志》都曾记载了顾恺之创作的《庐山图》，这幅作品代表着山水画的初步形成和确立，可惜这幅画真

迹和摹本都无存世，这一时期的山水风景，还是作为人物画的背景居多。在当时还不能称其为一个独立的画种，这在顾恺之的《洛神赋图》（图2-1）摹本可见一斑。

但这时已经出现了中国第一部真正意义上的山水画论著——《画山水序》，作者宗炳的"澄怀味象""畅神"等绘画理论，对山水画在隋唐成为独立画种，五代、北宋时趋于成熟起到了推波助澜的作用。展子虔的《游春图》（图2-2）被后世尊为山水画在隋代作为独立画种的代表作，他以青绿勾线填染的方法表现山石、树木、水波，追求物象局部的真实美感，整体画面景致广阔，水天一色，

图2-1　《洛神赋图》

图2-2 展子虔《游春图》

　　农舍、寺庙隐于山间，人物、舟艇融于山林水际，
画面空间摈弃了真实的物理空间现象，具有明显的
意象特点。表达了人与自然的和谐，一改《洛神赋
图》中的水不容泛、人大于山的局限。比例、透视
和纵深感十分合适。应该说这幅画在空间感的认识
和画面思想意境的表达已经达到了一个新的境界，
这也是作者在山水中寻找精神慰藉的一种理想表
达，"天人无际"已有绪端。

　　"意"自从先秦提出之后，一直没有得到
绘画领域的重视。魏晋南北朝的绘画理论主要以
"形神""气韵"的表现而展开，没有进一步探讨
"意"的问题。到唐代由于水墨画的兴起，"意"
成为绘画中一个突出的因素。唐代王维在《山水
诀》中在自然与情感的相互构建中：

凡画山水，意在笔先。丈山尺树，寸马分人。远人无目，远树无枝。远山无石，隐隐如眉；远水无波，高与云齐。此是诀也。[1]

[1] 彭莱.编著.古代画论[M].上海：上海书店出版社.2009.01：111。

　　盛唐的山水画有异于青绿山水，不仅出现了被誉为"画圣"的吴道子，还有王维对水墨皴染的探索。其更是以诗入画，提出"意在笔先"，追求诗情画意之美，塑造空灵、淡远的自然之境，以意境为绘画的最高理想。意境营造，既是生命境界的创造，又是中国古代的哲人、文人与画家对生命、自然以及情感的思考。自然审美与艺术审美逐渐交融，画家所画的不仅是山水景色，更是将生命融入自然的境界，在天人之境的创作中，人与自然的生命相互焕发。以诗入画使山水画突破了山水画单纯的视觉艺术范畴，提出了意境更加深远的美学要求，山水画也如山水诗一般追求妙、深、淡、远的意境，而不再是视觉经验的一种简单、直接的再现，山水画家要在画中表达某种哲思、心灵化、诗意化的山水意境，因此山水画家在造像山水时，不再是山水物象视觉经验的再现，而是要使在画面中的山水图像，即视觉中"人与自然"的一个片段和局部，凝固为一个自然永恒流动的历史瞬间，这一自然瞬间要表达的是自然的"生生不息"，自然造化之真意，这是一种宇宙气象，天人合一意识的流露，中国山水画要表现的是自然的全部，是全景式的宇宙空间。

夫画道之中，水墨最为上。肇自然之性，成造化之功。或咫尺之图，写千里之景。东西南北，宛尔目前；春夏秋冬，生于笔下。[1]

王维首创的"泼墨"山水，大大发展了山水画的笔墨情趣和意境，自然审美与艺术审美也逐渐交融了，绘画使中国美学中"意"的含义逐渐体现出来，并成为绘画的灵魂。对山水画的变改做出了巨大贡献，继而为山水画的成熟创造了条件。

山水画的形成和确立，是魏晋风骨的渗透，崇尚自然的延展，中国古代文人墨客畅神于人与自然之间，思考并确认自身价值的人文情怀，魏晋时期和唐宋之际是两次突出的爆发期。自然审美在唐宋时代进入到一个高峰时期，由魏晋时期的自然游览式的画面，进入到一个更为精致成熟和更为意象化的自然审美期，整个画面是多视点的游动观察、整合，所体现出的艺术形象是一个时间段的流动。这与西方绘画站在一个固定的视点对物象做细致入微的描摹极为不同。

正是唐宋自然山水审美观念的博兴带动了山水艺术的繁荣与发展。从五代到两宋时期开始，山水画逐步成为画坛主流，其画学理论也已渐趋完善与成熟，在理论与创作上都达到了中国绘画史上极为辉煌的高度。董源、李成、荆浩、范宽、巨然、郭熙都是对后世具有深远影响的山水画大家，他们充分利用中国传统绘画空间表现特点和笔墨技巧，表

[1] 彭莱.编著.古代画论[M].上海：上海书店出版社.2009.01.110。

图2-3　王维《雪溪图》　　　　图2-4　范宽《雪景寒林图》

现不同的山水情境，一改唐代的青绿山水，而以水
墨为主，画家把不同地域空间的地貌特征，用笔墨
以趋于意象化的表现技巧和形式加以展现，使山水
画成为一种表现个人感情和境界的精神空间。他们
的作品所表现出的"天人合一"的不凡境界，成为
后世山水画哲思意境和笔墨技法的优秀典范。"天
人合一"的哲思意境要求画面中的物象，尤其是山
水中的人，成为一个小小的身影，这就使画面具有
了仰视、俯视、平视等多种视角，体现出古人对自
然的感悟：

　　"山，大物也，其形欲食拨，欲偃蹇，欲轩
豁，欲箕跟，欲盘礴，欲浑厚，欲雄豪，欲精神，

欲严重，欲顾盼，欲朝揖，欲上有盖，欲下有乘，欲前有据，欲后有倚，欲下瞰而若临观，欲下游而若指麾，此山之大体也。"又："水，活物也，其形欲深静，欲柔滑，欲汪洋，欲回环，欲肥腻，欲喷薄，欲激射，欲多泉，欲远流，欲瀑布插天，欲溅扑入地，欲渔钓怡怡，欲草木欣欣，欲挟烟云而秀媚，欲照溪谷而光辉，此水之活体也。"[1]要突出山的崇高、水的婉转、人与自然的融入、和谐、多姿，表现或体悟宇宙本体之道，使精神进入与道合一、与天合一的境界。所以"目光"要推远，成为"高远、深远、平远"，这是古人思考人在宇宙中的位置和存在方式的一种图式表达。山水画中的人都融入环境"自然化"了，而山水环境都被"人性化"了。

宋代山水画不但解决了思想体悟在空间表现上的问题，而且通过"三远"来驾驭画面，达到"可望""可居""可游"的视觉效果。特别是长卷式构图的更多运用，使中国传统绘画在空间表现上更加完美。

两宋时期的文人画将文化底蕴融入绘画，拓展了诗文与绘画的表现范围，使它成为文人士大夫排遣心中情绪和表达主体思想意识的重要手段。

这一时期的山水绘画往往具有一种局部"求真"的倾向，画家通过对自然精微、审慎的观察，达到对一草、一木、一树、一石的细致刻画，但是，这种局部的精微观察和细致刻画只是自然本体

[1] 潘运告.主编.[宋]郭熙、郭思.林泉高致集·山水训[M].长沙:湖南美术出版社,2000。

的表象，画家拾得"造化"将流动易变的"表相"转化为化育生机的存在。通过变化的笔法、五彩墨色所产生的质地气韵来映射自然万物的原生精神以及人性与天道，此是儒家所说的"理"成为"造化"之机的外显。至此，中国山水画始终没有走上"写实主义"的道路。

"外师造化，中得心源"使绘画与现实的关系问题得到了哲学的阐述，同时理学的兴起，绘画崇尚"格物致知"、探求"理趣"，又使绘画更加注重意象的体现。意象既超越感性，对客观物象进行带有主观情感的加工概括甚至变形以超越自然之象，但又不脱离自然之象对客观物象进行重新组合，通过客观物象表达主观思想感情，实现主体精神和客观自然的和谐统一，也即"立象以尽意"。

随着"元四家"（黄公望、吴镇、倪瓒、王蒙）的出现，中国山水画又迎来了一次大的变革。画作从绢素移到纸上，使笔墨的性能得到了进一步的发挥。元代山水画与宋代相比更加趋向于写意，写景即写情、写意，画家更加注重创作的主观层面，以虚代实并没有影响画家对大自然的观察，重视用笔墨神韵来表现自然山水的外貌特征。

倪瓒画的《雨后空林图》（图2–5）表现出一个意味十足的理想境地。清幽的屋舍，高远的天际，画面上的"山水世界"成为现实中自然的意境化身；画家所描绘的"自然"场景，是一个寄托着古人无限哲思融入自然的宇宙模型，这里的清幽深邃寄寓着天地造化之"理",其中的一隅庐居幽境有着品读万物生机之"意"。足见其体悟自然生命之深透。

元代之后再一次的变革则是明中后期和清初,这一时期是王朝更替的动荡时代,造就了一批具有独特个性和思想的画家。石涛、八大、髡残、弘仁四僧的写意山水构图远阔,笔墨恣意,不拘一格,使山水画写意达到一个新的境界。画家重视感受生活,体悟自然和抒情达意,独抒性灵地反映自我对"造化"的认识,提倡写"胸中丘壑",在"似与不似"之间寻求客观事物的艺术再现与主观精神的表达。这构成了中国山水画"天人合一"的意境美。

譬如石涛的《松泉幽居》(图2-6),山石奇雄、松泉勃发,人居幽远,画家用淡雅的笔墨营造了一个有着空灵、淡远之境的理想空间,气韵中润染着浓厚的主观色彩,画面所表达的不仅是山水景色,更是生命境界,在此境界的创作中,寄托着画家无尽的情思和理想。传达着万物大化契合的生命气象,画家以意境为绘画的最高理想。营造意境,也即是人与物的生命相互交融,意达深远,直透内在的生命体悟及外在的宇宙气象。"意境"是中国山水画最核心的范式和艺术呈现的最高境界,其"天人合一"的审美思想凝聚着中国古代先贤的哲思智慧,得益于中国哲学的滋养。意境是人对造化自然的生命智慧累积,是对"象"的凝练和超越,

图2-5　倪瓒《雨后空林图》　　　　　图2-6　石涛《松泉幽居》

是"实"的"虚"化。意境是中国山水画宇宙观的外在显发，古人之所以能够如此，实在是受中国古代文化特别是老子哲学的巨大影响，画家通过自己的慧心参悟大化生命的雄奇，经过内心深处的哲思孕育与艺术宣泄，达到"天人合一"的理想意境。

因此，表现生命，融入自然，以人的主观情感去描绘、领悟宇宙万物的生命气象，是中国山水画美学的精髓所在。

元明清时期，山水画继续向着写意的方向流变，重视主观情感的表达，挥洒气韵，追求格调，轻视描摹，注重"意"的渲染。但是中国山水画既不是一种完全的主观臆造，更不是单纯地模仿客观物象的形态，而是在主观与客观之间形成一种使两者融合的造型方法，即意象的表现方式。从中国传统绘画的发展轨迹来看，山水画的空间表现是一个不断意象化的过程。更加注重主体精神，所追求的并非对象视觉的真实性和典型性，而是形象的概括性和类型化，使对象成为主客交融的意象化造型，使空间成为思想意识的物化载体，进而实现表现物象气韵生动、表达主观思想的目的。但是必须强调的是，中国传统山水画的空间映象始终没有走向抽象，而是在抽象与写实之间达成完美的结合而又不失两极，最终形成了意象化的笔墨空间表现方法。而笔墨又是中国山水画主体精神的物化与象征，达成了中国山水画的独特美学特征和高远艺术情境。

中国山水画无论是内在气韵，还是外在的笔墨技巧以及更高追求——意境的把握，终极目标都是对宇宙生命的追问，对思想的探求，对道的体悟。在山水画中所表达的"天人合一"思想旨在达成人与自然的一体合一，即"通天地之大德"，实现人与人、人与社会、人与自然的大同。这也是画家终极的生命诉求。"天人合一"是中国哲学的根本精神，也是中国山水画的思想基石。它彰显了华夏农耕文化对人与自然、宇宙关系的认知和对人生的思考，是中国文人、画家对于人类的生存境域、存在方式、人生境界以及认知方式与思维方式的一个高度综合的艺术性物化表达，这种认知的艺术性物化表达方式确立了中国山水画的基本走向。造就了中国山水画独特的审美境界，形成了"天人合一"的生命观，并以此为主体精神，以气韵生动为审美境界，以知行合一为审美指向，在"天人合一"思想的影响下，中国山水画成为向人的生命精神深度开掘的途径，强烈的自然生命意识和高远的人生境界构成了中国山水画的内在特质和终极追求。法天、畅神、比德、体仁，追求审美与人生合一，成就了中国山水画联通古今、阐释精微、哲思深远而又艺趣无穷的宏大画卷。

中国山水画较之西方风景画，起码早了千余年。它以塑造理想的人格特征为己任，以表现天地万物的生命精神为终极目标，以笔墨气韵为媒介，彰显独具民族特色的审美意蕴和高远的人生追求，其艺术样式在世界绘画史上呈现出独特的发展面貌。它所呈现的水墨气韵的意象图释，在今天也远比西方抽象绘画来得更加精致，也更具思想内涵，实际上就是一部中国思想史。朱良志先生说："中国画家尤其是宋元之后的中国画家是在用思想绘画。"

第二节 山水画中的人与自然及生态审美

一、人与自然在山水画中的图式表达

中国山水画对自然的表达有两种含义。其一，源于"自然而然"平淡、素朴的审美追求。"自然"一词最早出现在《老子》一书中"功成事遂，百姓皆谓我自然""希言自然。故飘风不终朝，骤雨不终日。孰为此者？天地"[1]。在这里"自然"即自然而然之意。是说天地万物与道都是按照本性如此的理想状态运行，这种本性如此的理想状态暗含着一种自由自在的内涵，这其中也包括人性自然，即人的本然与应然的生命状态，老子和庄子都推崇自然无为，崇尚朴拙之美，反对过度的人工修饰和雕琢，追求艺术境界达到老熟之后的自如之境。但庄子论述的得道之人多与山林有关，《庄子》笔下的"是非吾所谓情也。吾所谓无情者，言人之不以好恶内伤其身，常因自然而不益生也"[2]；无名人曰："汝游心于淡，合气于漠，顺物自然而无容私焉，而天下治矣。"[3]等对自然的理解虽与《老子》思想类同，但其向自然景物意义上的"自然"的转变已有绪端。他将"自然"的范畴逐渐延展到世间万物，"自然"逐渐由"道"的从属性特征概念潜化为具有哲学意蕴的万物顺应，在庄子那里，"自然"与"天地万物"总是相伴随的。他说：夫至乐

[1]《老子》。
[2]《庄子》。
[3]《庄子·内篇·应帝王》。

者，先应之以人事，顺之以天理，行之以五德，应之以自然。然后调理四时，太和万物。四时迭起，万物循生。[1]这里的天地万物等同于今天我们所说的具有生态意义的自然，是实体范畴的自然。这也是自然的第二个含义。中国古代对现代生态意义上的"自然"有一个逐渐演变的过程，这反映出"天人合一"思想的自然主义倾向，中国古代文化认为，"自然"就是原初的、和谐的、未被干预的宇宙运行方式，是完善的，是古人生存的理想彼岸。这既有本性如此的自由内蕴，又有必然如此的外在表征，因而"自然"成为道家、儒家、释家等中国文化的根脉。同时古人把天地万物的"自然"当作与己息息相关的命运共同体，在山水艺术中将自己的生命回归于自然，与自然共生共存。山水画的创作是以自然界为灵感源泉的一种由内而外的情感过程，这是一个在自然认知中融入"意象化"创作的过程，在中国古代，人与自然之间的对话一直是诗人和画家的主要关切，当文人士大夫将内心"自然"外化为山水图式时，他们便开始思考人与自然的定位问题。

由此，山水画成为表达人与自然之间关系的媒介。画家创作中总是与自然保持着一种亲和关系。以顺应自然的创作方式，创作出"可居可游"畅神诗意栖居的理想图式。正是在这种意义上，有学者将中国绘画称为中国特有的"自然生态艺术"[2]。

那么在与自然的对话中人又处于什么样的位

[1] 《庄子》。

[2] 曾繁仁. 试论中国传统绘画艺术中所蕴涵的生态审美智慧[J]. 河南大学学报, 2010, (4)。

置？人又应该怎样处理这种天人关系呢？老子是这样论述的：

　　有物混成，先天地生，寂兮寥兮，独立而不改，周行而不殆，可以为天下母。吾不知其名，字之曰道，强为之名曰大。大曰逝，逝曰远。远曰反。故道大，天大，地大，王亦大。域中有四大，而王处一焉。人法地，地法天，天法道，道法自然。[1]

　　宇宙、天地万物、人居，足见古人将人定在高位。同时认为人的地位虽然高，但它的行为仍然效法地，而地应天当效法天，天效法道，道效法自然。这个自然是指道的演化进化状态，也就是说人顺应万物运行的方式。人在天地间的位置是尊贵的。水火有气而无生，草木有生而无知，禽兽有知而无义，人有气有生有知亦且有义，故最为天下贵也。[2]人在宇宙间的定位极为重要，人不应凌驾于自然之上，与自然对立。人是自然之花，生于自然，长于自然，更要回馈自然，区别于自然。古人在意识到自身价值的同时，更追求天地之大德，促进人与自然生命的广大和谐，参天化育。

　　宋代画家燕文贵的《秋山萧寺图》（图2-7）反映了山水画领域的自然认知观念，图中远山连绵，近处群峰叠嶂，山头草木茂盛丰厚郁然，聚而成林，似有森然之气深不可测。山中既有大壑飞瀑，亦有小桥流水，由远而近景色壮阔。是画家真

[1]《老子·二十五章》。

[2]《礼记·王制》。

图2-7 燕文贵《秋山萧寺图》

实自然观的真情表露。山中平坦之处有人居，草庐
依山而建，屋旁绿树掩映，姿多挺拔，根深叶茂。
这正契合了中国古代的风水布局。而人的介入更是
画家对人与自然关系的思想映射，小桥上满载而归
的贩夫、悠然的骑驴行者佐以顺山势逐级而下的缓
缓大溪，仿佛让人感觉到夕阳下无论是结束一天劳
作的贩夫，还是探亲访友归来老者的愉悦心情。
老者与贩夫也许并不能代表画家的全部理想，但
他们一定是画家山水情结与人格生命的情态展现，
画家以无限深情畅神于这个山水灵境之间，赋予宇
宙万物以生命和精神。以全景式画面范式宣扬自然
山川亘古永恒的博大，就画面整体自然山水而言，
几乎见不到山中尚有草庐与行者，倘若从画面中行
人和草庐所处的视角观察，则需高山仰止。人类赖
以生存的自然山水早已在悠悠天地之间兀自矗立了
亿万年；在不可知的未来，它仍将屹立长存。这种
"大"与"小"代表着宇宙时空的亘古久远与浩瀚

图2-8 石涛《归樵图》

[1]《庄子·齐物论》。

无垠对比人类生命的短暂与渺小。体悟"天地与我并生,万物与我为一"[1]的人生境界。

如果说北宋中前期的山水画家是以生命的精神映射于自然,那么清代画家石涛的《归樵图》(图2-8)则充满了对自然山水的拟人化表述,充分体现了"家园意识"。

二、"天人合一"与生态审美意识

挖掘一种文化思想,就要探究其所处的历史情境,深入剖析其根源性的文化延存及哲学思绪。

中国以祖先为神、以自然为神的时候,"天人合一"也就成为必然,天和人是一体的,是一个系统。因为祖先是神,而祖先也是人,奉为祖先的神明又是自然的造物,所以我们跟自然界是不可分离的,"天人合一"就由此而来。

《尚书》是中国古代最早的一部历史文献汇编。在这部儒家的重要经典之中就有"上帝"这个词。它当然不是西方的"god",而是指"天"。以天为代表的自然神。《周易》是古人研究天道、人道,指导人们怎样处理人与自然、人与社会关系的最早一部典籍:

"大哉乾元,万物资始,乃统天。""至哉坤元,万物资生,乃顺承天。乾,天也,故称乎父，坤，地也，故称乎母。""夫乾，其静也专，其动也直，是以大生焉。夫坤，其静也翕，其动也辟，是以广生焉。"[1]"则是天地交而万物通也。"[2]"天地感而万物化生。"[3]

《周易》认为：天乾为父，地坤为母，天地相互交而化生万物，万物生发后才有了男女、夫妇、父子、君臣、上下、礼仪之序，天地作为万物的总父母，造就了整体宇宙大世界。因此，天地人共生，形成一个无限宏大的有机生命共同体。天人之间本来就是相通相合的，这是天人关系的本然状态，"天人合一"的思想，其实来自于自然神论。

老子又说："道生一，一生二，二生三，三生万物。万物负阴而抱阳，冲气以为和。"[4]

他这里所说的"道生一"是讲道从无到有派生了天地之前的某种混沌状态。"一生二"是这个原始混沌状态，又派生了两样东西天和地。"二生三"是天和地这两样东西随后又派生了动物、植物和人类。所谓"三生万物"就是动物、植物和人类最后派生了天下万物。这种环环相生的万物有机生命物体暗含着一个极大的思哲，天地万物是逐步演化而成的，这完全区别于西方神学论的上帝创造了人类，更是在达尔文发表的《进化论》前几千年，这标志着老子的哲学思境达到极高的水准。中国古代哲学认为生命不是独立的存在，而是具有内在关联的有机体。宇宙万物生命具有同源性，人与自然是相同、相融的。这种"天人合一"思想也正暗合

[1]《易经·系辞上》。

[2]《泰象卦》。

[3]《咸象卦》。

[4]《老子·四十二章》。

[1] 曾繁仁．生态存在论美学论稿[M]．长春：吉林人民出版社，2009：59。

了现代生态存在论哲学提出的"系统整体性世界观；反对人类中心主义，主张人—自然—社会协调统一；反对自然无价值的理论，提出自然具有独立价值的观点。同时提出环境权问题和可持续生存道德原则"。[1]而生态存在哲学也是现代生态美学产生的理论基础。

"生态"概念的产生应该是现代工业革命以后的事情，但生态问题却是从人类出现以来特别是进入文明社会以后早就存在了，只是古人当时还没有明确的生态概念，只能算是一种生态意识。

生态学的概念是德国学者恩斯特·海克尔首先提出的，是指研究生物体同外部环境之间关系的全部科学。此后德国学者汉斯·萨克塞又将生态学提升到一个哲学和美学的高度。生态哲学实质上就是人类如何处理人与自然的关系，以及人类如何诗意栖居、家园意识、"天地人神"四方平等一系列美学哲思。万物各安其位的本然状态和生命的美好存在，很早就已为古人所关注，虽然古代没有生态哲学、生态美学的观念，但我国古代文化一直以重视生存，追求"天人合一"为目标，这其中道家思想的生态学取向尤为明显，其中蕴含着深层的生态意识，它为"顺应自然"的生活方式提供了思想基础。尽管道家思想的产生处在人类文明和人类文化的最原始低端，但我们从生物学的角度去看：越原始越低端的生物体比如单体细胞其生命力越强大，其存活的历史越悠久，把人类生存方式放到一个更宏大、更长久的历史时段来看，"天人合一"的生态意识明显优于西方现代文明的自我意识，这里所说的"自我意识"，就是把人和自然完全剖开，就是征服自然，追求科学和真理的高端文明。这种高端文明尽管给人类带来了巨大进步，但它给人类生存带来的巨大威胁也是史无前例的，比如现代战争、核威胁、生化灾难等，人类在高端文明状态下的毁灭是如此现实。而这在"天人合一"理念下生存了几千年的原始低端文明状态下是不可想象的。因此原始低端时期的思想不一定都是过时的，最原始的东西如种子就包含着一切后发的必然性和合理性。孕育着后来一切可以绽放出来的合理要素。明确提出"天人合一"概念的张载谈到宋代道学大家程颢时就曾说："明道窗前有茂草覆砌，或劝之芟。曰：'不可'，欲常见造物生意。"程颢窗前有茂密的杂草覆盖了台阶，有人劝他除去。程颢却不同意说，他想常常看见天地造物的生生之意，"生生之意"出自《周易系辞上》，原文为：

富有之谓大业，日新之谓盛德，生生之谓易，成象之谓乾，效法之谓坤，极数知来之谓占，通变之谓事，阴阳不测之谓神。[1]

古人认为"生生"，"不绝之辞。阴阳变转，后生次于前生，是万物恒生谓之易也。"[2]此"生生"乃生生不息之意。宋明理学家周敦颐认为《周

[1]《周易系辞上》。
[2]《周易正义》。

易》中所说的"生生之谓易"以及"天地之大德曰生"，是把宇宙看作是一个生生不已、大化流行的整体，形成了以"生意"为特征的宇宙观的经典性表述。这既有人与自然界和谐相处、共生共荣之意；也有天地之间万物不停地循环运转生生不息的新旧代谢过程。"生"是宋明理学的重点关切，也是儒家以至中国古代哲学的核心观念。程颢以为"人与天地一物也"，通过观万物"生意"以悟"生生之德"。从万物之生意中，还可以体会到"仁"。这其中蕴含着一种天地仁德。古人的"生"已有我们今天所说的生态之意，更可作为古人生态存在意识的审美之思。

在生态存在论视角中，自然并非外在于人，而是与人须臾难离，是特定时空中此时此刻的关系；因此自然之美是关系之美，而非实体之美；是"诗意栖居"与"家园之美"[1]。

并且，人与自然和谐之美与中国古代"天人合一"生命观中的核心内涵相统一，饱含着生态和生命的意味，中国哲学注重人的生命精神价值，注重心灵境界和生命关怀，是一种追求生命的智慧。生命性或生命意识，可以说是中国哲学思想有别于其他传统的根本特征。古人的生态审美意识就是人类对生存的关注，是华夏民族饱含生态存在意识的美学之思，蕴含着人与自然、社会和谐共生的理想生

[1] 曾繁仁．生态存在论美学视野中的自然之美[J]．文艺研究，2011，(6)．

存状态的终极追求。也可以理解为"天人合一"是古人生态意识在美学及艺术领域的体现。

第三节　山水画中诗意栖居的建筑形态表达

一、充满生机和诗意的"场"

人类进入初级文明后，人对自然的依赖有所疏离，人与自然原本固有的家园式本原性和谐受到一定程度的破坏，但人类对远古家园的依恋和回忆却永远不会消逝，它早已固化在我们人类历史进程的黄金时期，成为我们灵魂深处不可或缺的一部分。而中国山水画中的比德和畅神图式，成了古人回归本源在山水画中寻觅理想栖居环境的最佳途径。人类对远古家园的理想化的追求，不仅仅是自身的需要，还是神的需要。山水绘画成为沟通天地人神，并使之能够与自然和谐相处，诗意地栖居于大地之上的精神桥梁。在比德观与畅神的绘画创作中，自然被赋予生命情感，人类可以栖居其中，怡得身心的理想家园。古人画山水不仅是表达对山水的理解与把握，而是要亲近山水，从而实现诗意的栖居与宜居。中国传统山水绘画所追求的生活场景，是融入自然最完美的范型，是诗意生活的永恒，画家把自己所有的理想、思脉、感悟都寄托付于这个"诗情画意的世界"，他们在自己的内心之中建立了一个完整的、充满生机和诗意的"场"，这个场是客观自然的缩影，更是其精神寄托所在。具有生态意义的栖居环境，也有我们在现代建筑设计中所说的场地精神。北宋画家郭熙在其画论《林泉高致》中对这种诗意栖居理想场居有这样的论述："大山堂堂为众山之主"[1]，在主山两侧布列客山，呈环拱之势。而山必有水，有林，有人居。又云："店舍依溪而不依水冲，依溪以近水，不依水冲以为害或有依水冲者，水虽冲之必无水害处也。村落依陆不依山，依陆以便耕，不依山以为耕远或有依山者，山间必有可耕处也。"[2]

这不仅是画论依据，甚至可以作为今天新农村建设的规划设计原则，这个理想的家园群山环抱，山上有林，山前有水，而屋舍依山傍水要远离洪涝灾害，还要考虑与耕田的距离。

宋代画家王诜的《渔村小雪图》（图2-9）所描绘的场景即是郭熙画论的真实写照，初冬时分，山水荒寒中的群山，渔村，屋舍，松林，劳作的渔夫，舟艇、人与自然和谐共生。尽显自然原生之态，表达出画家不尽的自然情怀和对天地化育自然万物的"天人合一"思想，是中国古代原生村落诗意栖居的场与境的瞬间定格。在这里无论是道家的自然之境，还是儒家的"大和"之境，都是超越了个体生存现实的人与自然共生的和谐之境，这其中山坡之后露出的屋舍建筑一角，为山中地脉宜居之处，这也说明"相形度地"的风水学对当时建筑环

[1]《林泉高致》。

[2]《林泉高致》。

境和建筑形态的影响，风水学说时至今日仍然是我
们探索生态宜居的一支，风水思想其实是古人基本
的环境科学知识在生活中的应用，用简单的科学经
验创造有益的人居环境。建筑的存在包含着画家
在此中的盼望、激情、想象、回忆与理想。人的主
体意愿必然成为建筑的本源，人与建筑的主、客关
系是从关系论的角度来认识的，建筑已经同人的生
活过程与生命活动不可分割，并始终以人的生存意
义与价值作为栖居的目标指向，生态化的"天人合
一"将成为建筑的终极诉求。

二、古今同源的"美"

清代画家王翚所作《秋树昏鸦图》（图2-10）
其生态化的建筑形态展露无遗，画中远景群山连

图2-9 王诜《渔村小雪图》

图2-10 王翚《秋树
昏鸦图》

绵，中景河水坦荡，近景山幽林翠，河溪盘山跌水而下，屋舍亭台依山面水而建，屋旁古树参天，从树梢朝向都往画面左侧生长可知屋舍面向溪流的方向为南，这样屋舍建筑面向河溪视觉开阔，夏季来自水面的南风会为建筑带来凉爽的空气，也可以用来灌溉农田，还可以为人们提供渔产品，由于朝南，采光无敌。我们仔细观察会发现建筑东侧的古树位置靠后，这样就不会挡住日出东南隅的阳光，而建筑北面和西面的山丘与竹林在夏季会遮挡住西照的阳光，在冬季可以挡住西北的寒风。这样的环境具有重要的生态学价值。图中可见屋舍亭台皆为竹木结构，为山中就地取材之物，亦契合现代生态建筑要求。

河溪中的跌水形态，与我们今天现实生活中所崇尚的生态自然跌水审美何其相似，与人工造景所追求的叠水形态也十分相似。图2-13中建筑整体为院落式布局，部分亭台建于河溪之中，这与赖特的流水山庄有异曲同工之妙。弗兰克·劳埃德·赖特是19—20世纪最伟大的美国建筑师之一，秉承崇尚自然的建筑观，提出有机建筑的理念。主旨在于把建筑物和所处的环境融合在一起，其代表作——《流水别墅》即建于宾夕尼亚山林深处的一条小瀑布之上，利用瀑布上的岩石为建筑基础，房屋立面也部分取材于当地的山石，整个建筑隐于山林，融入水系。这与《秋树昏鸦图》中屋舍亭台皆为竹木结构、为山中就地取材之物如出一辙，都表达了人

图2-11　现代人崇尚的自然生态瀑布景观图

图2-12　人造叠水景观

图2-13　流水别墅

与自然密切的情感关联。《秋树昏鸦图》是中国传统文化建筑意境的图式化表达。

三、万物原生的"景"

明代著名山水画家张宏集中国传统山水画与欧洲绘画之长，用其所绘的《止园图册》向世人完整再现了一座17世纪的中国园林。他为了尽可能多而真实地记录止园信息，放弃了中国传统山水画的风格表现，而运用了一种更灵活的方法——"将线条与有似于点彩派画家的水墨、色彩结合起来，形象地描绘出各种易为人感知的形象：潋滟的池水、峥嵘的湖石以及枝繁花茂的树木，这些使他笔下的风景具有一种超乎寻常的真实感。"[1]

止园由明朝的吴亮所建，其选址在城北青山门外，距离城市很近，按当时人的观点，"不优于谢客"，本非理想的隐居之地。但青山门外水网纵横，将止园环抱其中，如果不乘船，出城门要步行三里多才能到达，因此园林"虽负郭而人迹罕至"，吴亮非常满意。园门位于南侧，与城门遥遥相望，其间隔着宽阔的护城河。河中央是一道载满柳树的长堤，行人伛偻提携，往来不绝，出城与进城都要经过画面左方、长堤尽头的城关。吴亮喜好水景，这一带正是计成描述的"江湖地"，悠悠烟水、泛泛渔舟，环境得天独厚。见图2-14，这是张宏所绘的止园全景图。这幅图是从极高处鸟瞰，将整座园林清晰地展现在观者面前，涵盖了园林中所有景致，同时又不遗漏细节。[2]这幅图直观地向观者传达了古人的生态营建观，图中所有人工化的建筑物、构筑物均和谐地融入了自然，给人长于自然之感，最重要的是，水景占据了整幅图的很大一部分，但目之所及，画中所有的水系驳岸均保留着它们最原始的自然状态，具体见图2-15，并且画面中有很多房屋均是临水而建，往来船只可任意穿梭，可见即使所有水系驳岸都延续着最原始的自然状态，古人也丝毫不担心洪涝问题的产生，他们对自然自我调节雨涝、雨洪的能力深信不疑。这两幅图

[1] 高居翰，黄晓，刘珊珊. 不朽的林泉：中国古代园林绘画[M]. 北京：生活·读书·新知三联书店，2012.08。

[2] 高居翰，黄晓，刘珊珊. 不朽的林泉：中国古代园林绘画[M]. 北京：生活·读书·新知三联书店，2012.08。

图2-14　止园全景

图2-15　园门一带景致

所呈现的水系景观正如老子所言：

"天地不仁，以万物为刍狗；圣人不仁，以百姓为刍狗。天地之间，其犹橐籥乎？虚而不屈，动而愈出。多言数穷，不如守中。"[1]

　　老子认为天地把自然中的万物当作落在草窝中没有母亲护养的小狗，即在他看来天地把万物看得很低贱，绝不给予特殊关照，结果万物反而顺势而发，永恒存在。并且他认为既然自然天道是这样行为和这样操作的，那么人之道也应该顺其而动，真正管理天下者对待百姓也应该像对待刍狗一样，无为而治。在他看来天地之间，就好像一个风箱一样，如果没有人去摇动它，它就虚静无为，岁月静好，但是它生"风"的本性是一直存在的，如果有

[1]《道德经》第五章。

人擅自去拉动它，那么风就刮出来了，越干涉风刮得越大，反而扰乱了人世间的平衡，就好比为政不在言多，多言反而会导致黔驴技穷，不如按照自然法则少说多看。可见，老子尊崇无论是"驭"人还是"驭"自然，都应该无所作为，顺其自然，反对用文明派生出来的过多的花样干涉自然，认为它们只会扰动和破坏人类的生存境况。

但在当代社会，尤其在中国，为了预防所谓几十年一遇、几百年一遇乃至几千年一遇的洪水，纷纷用水泥给水岸筑起了防洪堤坝，见图2-16，这是笔者在上海市区内拍的黄浦江两侧的图片，水泥堤坝强硬地切断了自然原本通畅的疏导渠道，使得被"包裹"住的河道里的雨水越积越多，犹如困兽，反而容易导致洪涝灾害，但人们却没有认识到问题所在，仍是一味地对防洪堤加高加厚，最后导致恶性循环。针对这个困扰中国已久的问题，中国的俞孔坚教授提出了"大脚革命"的解决策略，即砸掉所有堤坝，恢复自然原样，贯彻用"自然之力"来修复自然，其生态景观设计理念暗合了中国古代的"天人合一"观——"天地不仁，以万物为刍狗"。而且这一生态理念在一些发达国家贯彻得很好，比如韩国，见图2-17，这是笔者在水原市对某一河流拍摄的照片，图中的水系驳岸尽显原生态，充满生机与野趣，好似上文止园景观的再现，但其也并不是完全没有人工的参与，在能助益自然又可满足现代人对景观多样性的需求基础上，其巧借

图2-16 中国上海市黄浦江两侧人工化驳岸

图2-17 韩国水原市华虹门自然式驳岸

地势适当地融入了人工化的处理，强化了此处的叠水景观，叠水效果的加强不仅丰富了此处的高差，营造了更好的视觉效果，同时还为观者带来了听觉盛宴，最重要的是，叠水可加强水流的"曝气（曝氧）"过程，一定程度上又净化了水质。韩国这种既继承传统又满足现代生活需求的生态水系营建理念，为笔者在基于现代人生活需求的基础上引入中国传统山水画中的"天人合一"观以助益当代的生态建筑理论提供了极好的借鉴——尊重时代发展需求的求同存异的继承。

「_ 第三章　现代生态建筑理论与
　　　实践之演进历程」

第一节　现代生态建筑理论之溯源

　　工业革命之前，被动地适应自然是人类世代承袭的本能，但自工业革命后，人类对自然的敬畏之情不断被削弱，"人定胜天"的想法成为主流，人与自然的关系不断恶化，人与自然的失衡急需修复，"生态学"（Ecology）便应运而生，它于1866年由恩斯特·海克尔首次提出，是"研究生物与环境之间相互关系的科学"。

　　"有机建筑理论"（1908）的提出者弗兰克·劳埃德·赖特，一生致力于他的地方性建筑和美国本土化城市，并出版《自然的住宅》（*The Natural House*）一书，他强调建筑与环境的整体性，认为建筑要回应乡土材料、地方环境以及地域气候，并提出："有机这个词用于活的结构———一种结构的概念。这种结构的特征和各部分在形式和本质上都为一体，其目标就是整体性。因此任何'活的'事物都是有机的，无机的—无组织的—不可能活的。"[1]其代表作《流水别墅》是"有机建筑理论"的有力

[1] Frank Lloyd Wright.
　　The Future of Archit-
　　-ecture[M].Horizon
　　Press,1953: 191。

[1]（美）肯尼斯·弗兰姆普顿著.原山等译.现代建筑——部批判的历史[M].北京：中国建筑工业出版社,2004.187。

阐述，它实现了建筑室内外空间与自然的高度融合，仿佛是由自然所创的鬼斧神工。

"新建筑五点"（1925）（底层架空、自由立面、横向的长窗、自由平面、屋顶花园）的提出者柯布西耶，既崇尚功能至上的机械美，又力求融于自然。底层架空是地面绿地完整性的有力保证，屋顶花园则旨在"恢复被房屋占去的地面"，二者均为增加建筑绿化，使其充分接触自然。[1]其提出的阿尔及利亚"奥布斯"规划设想和不动产公寓方案，便将底层架空、屋顶花园理念贯彻其中。并且其在北非、印度等的建筑实践中所体现出的"自由立面"的延伸——"遮阳构架""凹入的廊子"，反映出当时的建筑设计已考虑到对地方气候的适应性特点，其还曾提出："建筑，即，为居住、工作和娱乐创造房间和场所，并将其置于'自然的环境'中，也就是说，让它服从太阳的绝对律令。太阳，

图3-1 流水别墅（室外）

图3-2 流水别墅（室内）

是不容置疑的主宰，我们行动有效的连贯性永远取决于昼夜的更迭。"[1]而《走向新建筑》（*Vers Une Architecture*）一书便是其对于现代主义建筑思考的集中体现。

"少费而多用"（20世纪30年代）的提出者理查德·巴克敏斯特·富勒，从结晶体及蜂窝的棱形结构得到启发，一生致力于追求用最少的结构提供最大的强度，并最大限度地利用能源，其朴素的生态思想是现今备受推崇的低碳理念的核心，同时影响了同时代以及后续多位著名建筑师，并且是现代

图3-3 "奥布斯"规划草图

图3-4 阿尔及利亚"奥布斯"规划

[1] W.博奥席耶编著，牛燕芳，程超译.勒·柯布西耶（全集第8卷）[M].北京：中国建筑工业出版社，2005:164。

图3-5 不动产公寓方案

图3-6 不动产公寓的一个阳台花园

高技术生态建筑的有力理论支撑，其代表作是张力杆件穹隆(Geodesic dome)——建造材料以及能源消耗最少而建筑空间容积最大。

20世纪60年代之前以赖特和柯布西耶为代表，侧重建筑外观融于自然、适应当地气候；以富勒为

图3-7　张力杆件穹隆(Geodesic dome)

代表，侧重用技术节约能源，为自然减负，他们形成了生态建筑理论的雏形。

　　美籍意大利建筑师保罗·索勒瑞于1956年将"生态"（ecology）与"建筑"（architecture)合二为一，首次提出了"生态建筑"（arcology）的概念。他认为生态建筑应该尽可能利用当地的环境特点及气候、地势、阳光、空气、水等自然因素，尽可能不破坏大、小环境因素，保障生态系统的健康运行，同时有益于人的健康[1]。

第二节　现代生态建筑理论之筑基

　　20世纪60年代，当与气候、环境渐行渐远的国际化建筑大行其道时，伴随着能源危机与污染问题的出现，人们开始审视建筑与地域环境、文化的

[1]《绿色建筑》教材编写组编著．绿色建筑[M]．北京：中国计划出版社，2008.05。

[1] 宋晔皓. 欧美生态建筑理论发展概述 [J]. 世界建筑. 1998 (01). 68。

关系。

1962年，美国科普作家蕾切尔·卡逊出版《寂静的春天》（*Silent Spring*），此书给世界各国人民敲响了警钟，转换"人定胜天"理念来正确认识人和自然的关系已刻不容缓，同时将西方建筑界的大规模绿色运动推向世界，夯实了发展生态建筑理论的基础。

继1957年维克多·奥戈雅和阿拉代尔·奥戈雅出版《太阳光控制和遮阴设备》——科学系统地完成了对多位著名建筑师考虑到太阳光直射光线影响并对其进行控制的建筑设计作品的归纳总结，维克多·奥戈雅于1963年又出版了《设计结合气候：建筑地方主义的生物气候研究》（*Design with Climate:Bioclimatic Approach to Architectural Regionalism*)——概括了20世纪60年代以前建筑设计与气候、地域关系研究的各种成果，提出"生物气候地方主义"的设计理论，[1]此书首次系统地提出设计应以气候、地域、人体生物舒适感受（温度、湿度等）为导向，认为建筑设计应遵循气候→生物→技术→建筑的过程：（1）调研设计地段的各种气候条件，例如温度、相对湿度、日照强度、风力和风向等构成地域年平均气候特点的因素；（2）评价每个气候条件对人体生物舒适感的影响；（3）采取技术手段解决气候与人体舒适之间的矛盾，例如建筑的选址和定位、建筑阴影范围评价、建筑形式设计、引导空气流动和保持室内温度近似恒定等；

（4）结合特定地段，区分各条件的重要程度，采取相应的技术手段进行建筑设计，寻求最优设计方案。[1]"生物气候地方主义"对之后的生态建筑设计影响深远。

1964年，伯纳德·鲁道夫斯基出版《没有建筑师的建筑》（*Architecture Without Architects*）一书，并举办同名展览，引起极大轰动，此书打破了传统的狭隘建筑观，引领了乡土建筑的研究思潮，乡土建筑是先人历经千百万年以适应自然的产物，其蕴含丰富的朴素生态营建经验以及鲜明的地域性特征，是生态建筑之源。

1969年，生物学家约翰·托德与环境学家南茜·托德合著出版《从生态城市到活的机器：生态设计诸原则》（*From Eco-Cities to Living Machines: Principles of Ecological Design*）一书，阐述了将"地球作为活的机器"的生态设计原则：（1）体现地域性特点，同周围自然环境协同发展，具有可持续性；（2）利用可再生能源，减少不可再生能源的耗费；（3）建设过程中减少对自然的破坏，尊重自然界的各种生命体。[2]同年，美国建筑师伊恩·麦克哈格出版《设计结合自然》（*Design with Nature*）一书，书中对伴随工业城市扩张产生的一系列问题给予了回应，客观地分析了人与自然的依存关系，堪称20世纪的伟大宣言，他旨在传递两方面内容：一是观念。他批判了西方长久以来以人为中心、"天人相分"的价值观——宇宙是为了人达到他的顶峰而

[1] 宋晔皓.欧美生态建筑理论发展概述[J].世界建筑,1998(01):69。

[2] 宋晔皓.欧美生态建筑理论发展概述[J].世界建筑,1998(01):69。

建立起来的一个结构；只有人是天赐的具有统治一切的权力……根据这些价值观，我们可以预言其城市的性质和城市景观的样子。……他不是去寻求同大自然结合，而是要征服自然。开始着重强调人与自然的结合。二是方法。他提出设计应当将周边环境考虑在内，要适应自然，从而在一个长远的历史角度看待发展过程，以取得生态效益的最大化。所以，本书的重点，并不在设计上或者自然本身上，而应当在介词"结合"（with）上，此书标志着生态建筑学的正式诞生。

1972年，"人类环境宣言"于斯德哥尔摩召开的联合国人类环境会议上通过；同年《增长的极限》（*Limits to Growth*）由罗马俱乐部的多位资深学者撰写发表，其继《寂静的春天》，又一次给人类敲响警钟。随后，1973年"石油危机"的爆发更是给了世人当头棒喝，人们开始清醒地认识到不可再生能源的极大局限性，自此兴起太阳能、风能、水能、生物能等可再生能源的研究，仿生建筑、生土建筑、地下建筑、乡土建筑等亦一直是生态建筑的重点研究对象，获得设计灵感的来源。

1973年，英国经济学家E.F.舒马赫出版了他的经典著作《小的是美好的》（*Small is Beautiful*），首次提出了"中间技术论"的概念；1974年，丹皮特·杰克逊发表了《替代技术与技术变革政治》，在完善"中间技术"的基础上提出了"替代技术"，罗宾·克拉克亦是"替代技术论"的忠实拥护者，他又将其称为"软技术"。"替代技术"的主要特征是："生态学上的健全；根据自然规定技术界限与地方文化共存；与文化相统一的科学和技术；分权的；民主政治；对技术性、社会性问题取多样性的解决方法。"[1]1975年印度经济学家A.雷迪提出"适用技术论"，"节约能源，尽量减少或循环使用各种资源，减少环境污染以促进各地区生态环境的协调"是雷迪立足于发展中国家的社会实际情况确立的"适用技术"的目标特征之一；20世纪80年代初期，日本的星野芳郎提出综合的"多样性技术论"，从"中间技术论"到"多样性技术论"，均倡导可再生能源的使用、优先使用地方资源、地方性技术，旨在强调技术与自然和谐。这些理论是低技术生态建筑理论的有力支撑。

1976年，约翰·耐尔出版《为有限的星球而设计》（*Design for a Limited Planet*），书中对当时使用替代能源的各类住宅进行了系统的总结回顾；而同年，施耐德（生物建筑运动的先驱）在前联邦德国成立了生物与生态建筑学会（Institute for Building Biology and Ecology），基于仿生角度的生物建筑运动，大力宣扬使用天然建材、传统的营建方法；主张自然通风、自然采光和天然取暖等；强调将建筑视为活的有机体，而建筑的外围护结构被比拟为"皮肤"，为人类的生存提供必需的功能：提供庇护、隔绝外界不良影响、满足居住者物质、生活和精神的需要。同时建筑的构造、色

[1] [日]星野芳郎.未来文明的原点[M].哈尔滨：哈尔滨工业大学出版社,1985。

[1] 宋晔皓. 欧美生态建筑理论发展概述 [J]. 世界建筑, 1998 (01): 70。

彩、材料以及辅助功能必须同居住者和自然环境相和谐。建筑建成后的各种物质和能量交换用具有渗透性的"皮肤"来完成，以便维持一种健康的、适宜居住的室内环境。[1]

1980年，"可持续发展"一词首次在世界自然保护联盟（IUCN）发表的《世界自然资源保护大纲》中出现，生态建筑开始朝可持续发展的道路迈进。1987年，在经过世界环境与发展委员会（WECD）长达4年的充分论证后，其向联合国递交了《我们共同的未来》，可持续发展模式由此正式确立。

詹姆斯·拉乌洛克提出了盖娅理论，并于20世纪80年代中期出版《盖娅：地球生命的新视点》（*Gaia：A New Look at Life on Earth*），大力促进了盖娅运动的进程。

英国建筑师戴维·皮尔森认为："生物建筑运动是与健康建筑相关的最先进的运动"，并且其于1989年，出版《自然住宅手册》（*The Nature House Book*），对盖娅住区宪章的设计原则做了详细阐述：（1）为星球和谐而设计；（2）为精神平和而设计；（3）为身体健康而设计。

1991年，罗伯特·威尔和他的妻子布兰达·威尔合著出版《绿色建筑学：为可持续发展的未来而设计》（*Green Architecture：Design for An Sustainable Future*），其中提出了绿色建筑的六项原则：（1）节约能源；（2）设计结合气候；（3）

盖娅住区宪章的设计原则表

为星球和谐而设计 (Design for harmony of planet)	为精神平和而而设计 (Design for peace of the spirit)	为身体健康而设计 (Design for health of the body)
· 场地、定位和建设都应最充分保护可再生资源、利用太阳能、风能和水能满足所有或大部分能源需求，减少对不可再生能源的依赖。 · 使用无毒、无污染、可持续和可再生的"绿色"建材和产品——具有较低的蕴能量，较少环境和社会损耗，或循环利用。 · 使用效率控制系统调控能量、供热、制冷、供水、空气流通和采光，高效利用资源。 · 种植地方性品种的树木和花草，将建筑设计成当地生物系统的一部分，施用有机废物堆积的肥料，不用杀虫剂，利用生态系统控制害虫，设计中水循环，使用低溢漏节水型马桶，收集、储存和利用雨水。 · 设计防止污染空气、水和土壤的系统。	· 制作与环境和谐的家园——建筑风格、规模以及外装修材料都与周围社区一致。 · 每一阶段都有公众参与——汇集众人的观点和技巧，寻找一种整体设计方案。 · 和谐的比例、形式和造型。 · 利用自然材料的色彩和质感肌理以及天然的染色剂、漆料和着色剂，便于创造一种人性化的、有心理疗效的色彩环境。 · 将建筑与大自然的旋律（四时、时令、气候等）充分联系起来。	· 允许建筑"呼吸"，创造一个健康的室内气候，利用自然方法——例如建材和适于气候的设计来调整温度、湿度和空气流动。 · 建筑远离有害的电磁场、辐射源，防止家用电器或线路产生的静电和电磁场干扰。 · 供给无污染的水、空气，远离污染物（尤其是氡），维持舒适的湿度、负离子平衡。 · 居室中创造安静、宜人、健康的声环境氛围，隔绝室内外噪声。 · 保证阳光射入建筑室内，减少依赖人工照明系统。

建筑资源的再利用；（4）设计尊重使用者；（5）设计尊重场地；（6）整体的设计观。同年，国际生态学联合会（INTECOL）和国际生物科学联合会（IUBS）从生态属性的角度，将"可持续发展"定义为：维持和强化自然环境系统的生产和更新能力，即可持续发展是在自然自我调节能力范围内的发展。

1992年，将可持续发展理念纳入其中的《汉诺威原则》在巴西里约热内卢的联合国环境会议上正式发表，其阐述了设计依赖自然并反作用于自然的主张，强调人与自然的和谐共生，可持续发展理念逐步进驻建筑的前沿领域。1993年，美国国家公园出版社出版《可持续设计指导原则》（*Guiding Principles of Sustainable Design*），将生态建筑理论中所体现的"生态"更加具体化：在尊重场地自然环境以及历史文脉的基础上，充分利用场地自然条件优势（地形、气候、当地材料等），将其融入设计，旨在获得最大化的生态效益。

1995年，生态设计的先驱西姆·范德·莱恩和S.考沃合著了《生态设计》（*Ecological Design*）一书，此书被誉为横跨建筑、景观、城市、技术四大领域的一次突破性探索。

自20世纪90年代至今，以可持续发展理念为核心的"生态设计"已涵盖生活的方方面面，其在建筑领域的地位更是举足轻重，成为势不可当的潮流趋势。

第三节 现代生态建筑的概念解读与设计原则

一、现代生态建筑的概念解读

自生态建筑开始形成到逐渐成熟，其在不同的历史阶段被不同地域的专家赋予过各种不同的定义，但究其本质，始终围绕人、建筑、自然并立足于节约能源而展开。本文便从中国山水画中的"天人合一"观入手，为现代生态建筑重新定义，以期通过理论指导实践，将当前走入岔道的生态建筑创建活动引领回正轨。

从中国《周易》"夫大人者，与天地合其德，与日月合其明，与四时合其序，与鬼神合其吉凶"。[1]尊重自然规律、顺应自然的"天人合一"的朴素生态意识，到中国《黄帝宅经》"夫宅者，乃是阴阳之枢纽，人伦之轨模。……其象者，日月、乾坤、寒暑、雌雄、昼夜、阴阳等，所以包罗万象，举一千从，运变无形而能化物。大矣哉，阴阳之理也。经之阴者，生化物情之母也；阳者，生化物情之父也。作天地之祖，为孕育之尊，顺之则亨，逆之则否，何异公忠受爵，违命变殃者乎！"[2]其将住宅（建筑）视为自然的使者，赋予其生命力和"自然神力"，是人与自然沟通的媒介，人应顺自然之命建造住宅、使用住宅，方可得自然庇佑，

[1]《周易》。
[2]《黄帝宅经》。

彰显了人、建筑、自然和谐共生的成熟的"天人合一"生态观。中国传统的"天人合一"观在中国山水画中体现得淋漓尽致，其表观与西方20世纪初赖特的"有机建筑理论"有异曲同工之处，但更加全面、高深，本文便在探生态建筑之"初心"以及纵览其发展过程的基础上给其定义。

因地制宜，提取建筑所处地域传统民居的生态营建经验（营建技术、建筑材料、建筑形式等），用适宜技术将其转换并继承，从建筑开始营建到成形，乃至后期的运行和废弃，即在建筑的整个生命周期都致力于最大限度地节约能源、融于周边环境，立足于建筑所处的自然环境，利用自然环境中的生态效能（风、光、水、土、植物）满足人类对建筑的使用需求(至少是部分满足这一要求)，专注于挖掘地区自然环境产生的有限却没有被充分利用的正能量，通过适当技术进行转换，使这部分能量得以利用，借以影响和改善区域内的微气候以至地区气候，反哺自然。

二、现代生态建筑的设计原则

处理好建筑与自然、建筑与人、人与自然的关系是生态建筑设计的核心，因此无论从可持续发展长远而理性的角度考虑，还是从"天人合一"传统而感性的角度出发，生态建筑设计必遵循以下四大原则。

1."顺应自然"原则

生态建筑的建造要最大限度地避免对场地周边自然环境造成不利影响，并且在外形上融于周边环境，主要从以下三点入手。第一，就地取材，这既是出于减少建筑材料的运输成本和能量消耗，又是为了让建筑材质与周边环境相呼应；第二，顺应场地地势，使生态建筑在体量上融于周边环境，体现从属于自然之感，亦是为了减少对场地地形环境的破坏、减少土方量，常见的有覆土型、接地型和架空型三种类型，需要具体地形具体分析；第三，回应地域气候，不同地区的建筑需要使用不同的被动式设计策略来尽可能地减少建筑的运行能耗以应对当地全年的气候变化，乡土民居所蕴含的被动式设计经验是先辈通过不断"试错"摸索出的，用"自然之力"来应对自然气候变化的极佳手段，给当代生态建筑提供了借鉴。

2."以人为本"原则

"建筑"是人类在自然界中被动适应自然而创造的落脚点，其本质是为人服务的，即海德格尔所说的"安居"，因此生态建筑的外形、空间布局、功能分布等都必须满足人类生存和发展的基本需求，但这种满足并不是一味地迎合，而是建立在考虑到自然生态环境的平衡以及不干扰其他生物基本生存需求基础上的，乃至兼顾子孙后代发展的长远

满足，具有可持续发展性，因为"以人为本"中的
"人"并不局限于现在，它还涵盖将来，应该从动
态发展的角度来思考。总的原则是人类的"利益"
服从于自然"整体利益"，生态优先。

3."尊重场地文脉"原则

缺乏地域性的建筑，无法体现文化传承的生
态观；缺乏现代适应性的建筑，无法体现与时俱进
的生态观。"生态建筑"中"生态"的内涵，并不
仅局限于"节约能源"，其涵盖的内容很广泛。因
此，尊重场地文脉，是让当地文化得以承古继今以
实现文化可持续发展的必要条件。因为文化是不断
变化发展的，尊重场地文脉，首先必须回顾历史，
然后聚焦当下，最后展望未来，综合古今后提取精
华，融于"生态建筑"的形神之中。

4.优化资源利用的"5R"原则

最大限度地节约能源是伴随能源危机与环境污
染而生的生态建筑的关键所在，"少废多用"是优
化能源利用的指导方针，具体体现于5R原则上，即
Revalue、Renew、Reuse、Reduce、Recycle。[1]

（1）Revalue，意为"再评价"，引申为"反
思"，工业革命之前，虽然人也是处于向自然单向
"索取"而吝于"回馈"的状态，但那时的人始终
都把握着一个度，对自然始终心存敬畏之心，但工
业革命后，"人定胜天"思想成为主流，大量的不

[1] 周浩明,张晓东.生
态建筑:面向未
来的建筑[M].南
京:东南大学出版
社,2002.03:05。

可再生资源被浪费，多处自然环境被破坏，导致生态环境急剧恶化，人类的生存受到威胁，于是人类便开始反思人与自然的关系，生态建筑是人类修复人与自然关系的重要媒介，在生态建筑的发展过程中，人类需要"吾日三省吾身"，以免走入罔顾成本一味追求利用"高技化"来提升自然能源利用效率的盲区。

（2）Renew，意为"更新""改造"，此处指对旧建筑的再利用。旧建筑的拆除意味着新建筑的营建，"一拆一建"的过程不仅会造成许多不必要的资源浪费，还会产生大量污染，因此应该始终对旧建筑秉持"有用则修复"的态度，充分挖掘旧建筑的存在价值以及可转化的优势资源，让其变废为宝，以此节约能源保护环境。

（3）Reuse，意为"再使用"，指旧的材料或家具、设备等不用经过物理化学加工，可直接二次使用，以减少不必要的浪费。

（4）Reduce，意为"减少"，即从建筑建造、运行到销毁的整个生命周期内，都注重降低对煤、石油等不可再生矿物能源、水资源、土地资源、电能等的使用。清华大学周浩明教授曾经说过，建筑全生命周期内消耗的能量共分为五个部分，即"内含能量"（建筑与装修的原材料构配件和其他建筑系统产品在加工制造中所消耗的能量）、"灰色能量"（材料和构件生产出来后需要运到施工现场，这个过程中消耗的能量）、"诱发能量"（建筑的花费，也是建筑建造过程中所耗费的能量和对环境产生的影响）、"运行能量"（建筑物建完以后，日常维护让其保持正常功能所耗费的能量）、"处废能量"（建筑物拆除时，哪些材料可以回收？哪些不能回收？不能回收怎么处理？即废弃处置过程中消耗的能量），无论哪一个环节产生的能量，都要在力求满足基本需求的基础上降低到最少。

（5）Recycle，意为"循环使用"，将废弃材料进行相应的物理化学加工，赋予其新的特性，使其能不断重复使用。因此在选择材料的初始阶段，便选取具有"循环"特质的材料，这样既能节约能源，还能减少废弃物造成的污染。

第四节　现代生态建筑的设计策略

一、"回应"乡土民居

建筑师只有在深入到它内层的含义和内容时，才可能将这种处理往昔的方式转化为创造力，仅仅猎取形式只会使这种创作堕落为一种娱乐游戏：生成花花公子式的建筑。[1]

——希格弗莱德·吉迪恩

[1] 维基·理查森著. 吴晓, 于雷译. 新乡土建筑[M]. 北京：中国建筑工业出版社, 2004：14。

不同地区的人们应对所处自然环境的漫长过

程，亦是形成当地特色文化的过程，人们通过不断与自然"对话"进而"规范"自己的行为去适应自然的文化能为当代生态建筑实践提供不可估量的指导。

乡土民居隶属于乡土建筑，中国文物局原局长单霁翔曾指出："乡土建筑在广义上可以泛指具有地方传统文化特色的建筑，在狭义上多指农村地区的传统历史建筑。"[1]基于此，本文对乡土民居的理解为：非官方的，民间以居住为主，受到道德、风俗、自然环境、习惯、艺术、非正式流传下来的用于设计与施工的传统专业技术[2]等深刻影响的，能反映中国"天人合一"的朴素生态观、"负阴抱阳"的风水观、"因势利导"的节能观[3]的传统民居建筑。乡土民居蕴含丰富的被动式生态设计策略，其根植于本土环境，运用当地的建造材料，顺应当地的气候，同时兼顾乡土民俗，造价低廉，其作为低技术生态建筑和适宜技术生态建筑的创作源泉在发展中国家占据主导地位。

乡土民居具有适应当地气候的空间布局，比如干旱、炎热地区的乡土民居多利用街道、广场、花园等外部空间，辅以建筑阴影等来促进自然通风；潮湿、炎热地区的乡土民居多为干栏式建筑，利用底层架空来通风、防潮；利用建筑朝向来获得尽可能多的自然采光和顺应夏季风来加强自然通风而散热是各地乡土民居的共性。

乡土民居的建筑形式是建筑空间的外观表达，

[1] 刘瑛楠，王岩．中国乡土建筑研究历程回顾与展望[J]．中国文物科学研究，2011，(4)。

[2] 赵巍译．关于乡土建筑遗产的宪章[J]．时代建筑，2000，(3)：24。

[3] LI Xue-ping.Ecological Culture in Traditional Chinese Vernacular Dwellings[C]. Journal of Landscape Research,2010,2(3)：78—80。

亦具有适应当地气候的特征，因此其既具有良好的生态效能，亦是地域文化的典型载体，比如热带地区多利用坡屋顶的形式来强化自然通风，坡屋顶同样是应对充足雨水的良好举措；廊道、屋顶出檐、天井等灰空间，作为建筑的热缓冲空间，亦具有良好的通风、散热功能。

因此要着重研究乡土民居的空间体量、格局和建筑形式，并对其精髓加以继承，以承袭通过空间设计来获得良好的生态效益的生态空间策略。

乡土民居建造时，出于降低运输成本、减少能源消耗以及废弃后易于回收的生态性考虑，多就地取材，土、石、木、竹等是乡土民居的常用天然建材，待它们完成了使命，被废弃之后，它们可直接回归大地，石头还可加工后再利用，十分环保。这些材料不仅在功能上满足了可持续发展的要求，在外观上还因其就地取材的特性，能极好地融于周边环境。现代生态建筑在沿用乡土民居的材料策略时，还应结合当前的社会发展情况：自工业革命后，地球就元气大伤，而且目前的人口基数和相应的住房需求相比以前成倍增长，而天然建材是有限的，我们在取用时要适度，同时得牢牢把握乡土民居选取建材的生态考量，把目光聚焦到废弃材料的再利用、改良原有天然建材的性能以及人造生态建材上，比如中国的刘加平教授着重发展新型生土技术以改良窑洞；柏文峰教授着重推广具有可持续性的天然建筑材料；美国建筑师塞缪尔·默克比成立了"乡村工作室"，并毕生致力于带领学生为贫困居民搭建住房以及社区建筑，创造性地将旧建筑及废弃材料重新利用，将现代主义与地区文化完美结合，其建筑具有极大的人文关怀以及生态内涵。

乡土建筑的营建技术是先祖对当地天然建材的性能进行数代摸索总结后探索出的代代相传的生态营建技艺，虽然其具有一定的时代滞后性，但其仍然具有融合新时代技术、得以被改良的巨大潜能，不应被舍弃，并且它还可以让普通大众直接参与和自己休戚相关的住房的建造过程，可以让他们自下而上地充分反映自己的住房需求，同时得以让生态营建意识得到最广泛的传播和贯彻。这种生态营建策略，尤其在发展中国家，有大力提倡并继承的必要性。

现代生态建筑主要从乡土民居的空间布局、建造材料、营建工艺等方面寻求借鉴，但其并不局限于单纯地模仿，而是融入了当代需求的再创造，因为建筑的功能划分、建筑的形式语言、人们的审美、人们的生活方式、科技水平等随着时代的发展而不断变化，因此在汲取乡土民居"养分"的同时必须与时俱进。

1.以乡土民居为原型——哈桑·法赛的本土化设计策略

建筑是在某个区域内人们对待特定环境的描述，因为每个地区都有其独具特色的建筑元素特征，包括它的气候和独一无二的文化遗产和心理特征。这些因素影响着人们对建筑文化的解读，也正是由于文化的差异，才使得各地的建筑与国际风格有了区别。

——哈桑·法赛

哈桑·法赛是埃及的本土设计师，他把毕生精力都放在发展中国家贫民住房的建造活动和研究中，他以本国气候环境和贫民需求作为创作基础，他认为建筑只有根植于本国的自然环境、文化背景才能反映真实的社会，因此其注重从埃及传统民居的建筑语汇中解析本土气候、文化的代表元素，并将其运用到现代住宅中，如其在新巴里斯村利用埃及传统民居的外廊、穹顶、庭院等特有的空间形式进行通风设计。1973年出版的法赛的《贫民建筑》一书，影响了很多后续设计师，并且他用自己的作品赢得了如下评价："在东方与西方、高技术与低技术、贫与富、质朴与精巧、城市与乡村、过去与现在之间架起了非凡的桥梁。他的作品是对乡土文化的贡献，也是对20世纪建筑的宝贵贡献。"

在设计理念上，法赛强调要保护和继承乡土民居中所蕴含的传统特质（历史文化、生态经验等），要向始终处于自我演化和发展状态的传统致敬并学习；反对标准化的住宅，倡导个体特色与住宅的多样性；提倡保护和发展传统手工艺；认为业主、工匠和建筑师应"三位一体"，在建房时充分沟通、通力协作；强调建筑形式的韵律感以及尊重传统的礼仪感；反对机械化施工，倡导群体用传统营建工艺协作建房；强调建筑的空间布局、形式、体量、营建材料、构建方式等都要适应当地的气候。

在建造过程中，法赛训练当地居民如何制造材料、建造建筑，他认为当代的人们也应学会用土坯建造住房的传统技术，使传统技艺得到传承。法赛认为，"如何由建筑师或工程师谙熟的体系转化为建造者的体系是非常关键的，一个人不可能独立建起一座房子，但是十个人便很容易地建起十座甚至一百座房子。社会需要一个允许传统合作方式延续的工作体系，必须让穷人易于接受科学技术。对于造价低廉的建筑，更要加入审美元素以体现对人的尊重。"[1]

在材料策略上，法赛沿用埃及传统建造的惯例，经常使用泥砖（建筑废弃后很容易回归大自然），并且其对泥砖甚为推崇，他曾在《贫民建筑》一书中为泥砖正名："毫无疑问，很多土坯房屋是黑暗、肮脏、不便使用的。但这并不是泥砖的错，它们只是没有被人利用好罢了。为什么不用这种上天赐给我们的材料呢？为什么不用我们手头的材料，让农民的住房变得更好呢？"[2]

在空间策略上，法赛善于利用传统民居的外廊、庭院、穹顶等特有的空间形式进行自然通风设计，带来充足自然光的同时为民居营造出独特的光

[1] 原文为 "How do we go from the architect/constructor system to the architect—owner/builder system? One man cannot build a house, but ten men can build ten houses very easily, even a hundred houses. We need a system that allows the traditional way of cooperation to work in our society. We must subject technology and science to the economy of the poor and penniless. We must add the aesthetic factor because the cheaper we build the more beauty we should add to respect man." ——译自 http://www.rightlivelihood.org/fathy.html

[2] Hassan Fathy. Architecture for the poor: An experiment in Rural Egypt[M]. Chicago: The University of Chicago Press, 1976

图3-8 埃及当地居民用土坯造房

图3-9 新巴里斯村

影效果，为当地居民平淡的生活注入了无限生机与
活力。

在形式策略上，法赛基本沿袭了埃及传统民居
在促进通风和遮阳方面行之有效的设计语汇，如拱
形屋顶、穹顶、漏窗、漏墙、风塔等，且法赛将传
统的风塔进行改造，将上方通风口对主导风向。其
沿用民居形式时，不仅求形似，还延续了形式所体
现的生态设计逻辑，如此民居形式才算得到真正的
继承和发展。

在技术策略上，法赛采用了大量依据材料特
性进行构建的最朴实的传统方式，如叠涩穹顶、
拱券、土墙、石墙、拱窗、小开间等形式，并且部
分沿袭的同时也进行了改造。例如，叠涩的穹顶砌
筑方式取代传统模板的方式，这样具有便于控制施

工、减少模板材料使用、施工质量可控等优点。

以乡土民居为原型的本土化生态建筑设计策略
与乡土民居联系的最为密切，其直接发展了乡土民
居特有的空间布局、建筑形式、建造材料、营建技
术等，直观地延续了乡土民居所表现的鲜明地域特
色，但其并非完全照搬照抄，而是重组、优化了乡

图3-10 Fouad Reyad住宅

图3-11 Fouad Reyad住宅

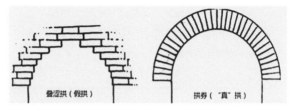

图3-12 叠涩拱和拱券

土民居所蕴含的生态经验，以赋予其最大化的生态内涵，这种生态设计策略仍然囿于低技术，强调普通民众的参与以及自主性生态建房，但其有存在的必要性，并且在发展中国家，尤其经济水平落后地区应用的十分广泛。

2. 与现代主义建筑风格交融的地域化——查尔斯·柯里亚的"形式追随气候"策略

建筑常常需要既旧又新，因为它是三种力量的产物。第一是技术与经济的；第二是文化与历史的；第三是人民的愿望。第三个力量也许是其中最重的……在理解和接受往昔的同时，我们也不要忘记现代人既存的现状，以及他们为争取美好未来的斗争。

——查尔斯·柯里亚

著名印度建筑师查尔斯·柯里亚，因其赴欧美学习现代建筑的留学背景，其创造性地将印度传统文化的建筑技艺转化到现代建筑中，拓宽了乡土建筑的内涵，他以印度的经济发展情况、印度本土富集的资源、印度居民基本的生活诉求为导向，基于印度传统文化、地域特点的基础上最大限度地采用了乡土材料，同时结合印度气候特征来设计建筑的通风、采光等，形成"开敞空间""管式住宅"范式，出版《形式跟随气候》（1986年），进一步将生态设计与乡土建筑结合，其认为："那些美妙而

图3-13　甘地纪念博物馆

图3-14　巴洛特·巴哈汶艺术中心

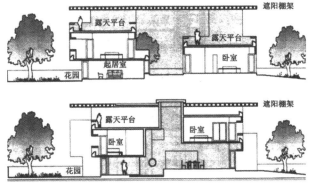

图3-15　管式住宅典型剖面

图3-16　干城章嘉高级住宅

[1] William Siew Wai Lim，Tan Hock Beng，Contemporary vernacular：Evoking traditions in Asian architecture[M]．Singapore：Select Books，1998：Introduction

灵活多变的和多元的乡土语言已经存在。作为建筑师和城市规划师，所有要做的不过是调整我们的城市，使这种语言能够重新散发活力，而一旦完成了这一步，剩下的不过是静观其变罢了。"[1]

在设计理念上，柯里亚推崇从印度乡土民居蕴含的生态经验中挖掘现代建筑空间设计的思路，旨在用顺应印度气候的建筑空间布局、形式等的生态性营建，实现建筑室内外"零能耗"的微气候构建，用"天然空调"来调温至当地居民感知的舒适温度；提倡建筑营建要顺应场地的地形地貌，并且要巧于因借场地周边的自然胜景，这和中国古典园林中的"因势就形"以及"借景"有异曲同工之妙；倡导历史和文化的可持续发展——通过建筑的空间模型将印度传统而神秘的"曼陀罗"价值观和现代的自然科学宇宙观紧密联系在一起；提出"漫游的路径"，既暗合了印度普通民众传统的生活模式和他们的宗教信仰"行进之变"的仪式感，又和中国古典园林追求的"步移景异"如出一辙。

在建筑体量的选择上，柯里亚始终立足于印度经济发展现状，多侧重于依赖印度传统营建技术的低层高密住宅。一方面是延续阴影遮阳的传统生态策略；另一方面，既充分利用了印度富集的劳动力资源，缓和了当地紧张的就业问题，又让其充当了承载当地富集的石、砖、泥土等易于回收的天然建材的良好媒介，低层住宅更新维护的成本低且环保，最重要的是，独立的低层住宅能满足每家每户对于居住不同的功能布局、审美倾向等诉求。

在材料策略上，柯里亚多用现代混凝土（人工石材）和印度富集的天然石材以及砖，因为制作混凝土的原料在印度十分丰富，且价格低廉、制作工艺简单，而混凝土却具有抗压强度高、耐久性好、强度等级范围宽等优势，混凝土的大量使用也奠定了柯里亚所设计作品的现代主义建筑风格。

在空间策略上，柯里亚提炼了印度传统民居应对炎炎烈日的建筑模式，提出了"开敞空间"，营造阴影空间来形成凉爽的户外或半户外活动场所。印度传统的建筑模式是独立而离散却又彼此关联的，广场、街道、庭院、露台等是关联各印度民居必不可少的构建元素，亦是当地居民家庭邻里间日常交往的露天（半露天）空间。夏季白天在庭院搭遮篷，晚上撤除，冬天则反之，以此应对印度的酷暑和严寒，此种建筑模式为当地居民提供了一个一年四季气候宜人的交往空间。"开敞空间"穿联的建筑空间模式，既保留了印度居民传统的交往模式，亦满足了印度应对炎热气候的建筑需求。柯里亚设计的甘地纪念博物馆以及波帕湖畔的巴洛特·巴哈汶艺术中心是该空间策略的有力体现。

在形式策略上，柯里亚基于印度传统的分户墙狭长建筑单元的组合模式，提出了"管式住宅"的建筑形式。古时，分户墙的狭长建筑单元的组合模式在印度北部的干热地区十分常见，这是印度低层高密建筑群应对印度炎热干燥气候的有力举措，以此来抵挡不良的干热气候：两侧长墙阻热，而主要利用前后矮墙和室内庭院（天井、天窗）来实现自然采光和通风，从剖面上看，天井空间从下往上逐步变窄，这种形式利于形成"烟囱效应"以加强热压通风。柯里亚在此基础上提出了多种剖面变形策略，以应对印度不同地区不同季节的不良气候，"管式住宅"形式由此形成。见图3-15，上面是"管式住宅"的经典冬季剖面，底部窄而顶端开口宽，旨在寒冷的冬季能获得充足的光照，因此白天遮阳棚架呈现开启状态以吸热，而晚上处于闭合状态旨在保温；下面是"管式住宅"的经典夏季剖面，底部宽而顶端开口窄，利于拔出室内的热空气，还可阻挡一定的夏季太阳热辐射，而且柯里亚还将"管式住宅"形式拓展到印度的现代高层建筑中，如干城章嘉高级住宅，"开敞空间"的跃层阳台形式亦被运用于此高层建筑，以"空中花园"的形式出现，植物的存在强化了此建筑"自行"自然通风、遮阳降温的能力，成为低能耗建筑的一座丰碑。

在技术策略上，柯里亚考虑到印度相对落后的经济状况，偏向于与当地气候磨合甚好的传统营建技术以及操作简单、成本低廉的成熟化的现代技术，以此来处理与底层高密建筑相配的地方材料（石头、砖）和现代混凝土。这是一种融合传统与现代的技术复合体，既不固守当地低技术与当地自然材料，也不盲目追求成本高昂的高技术与人造材料，而是选取折中之道，旨在契合地域经济、文化、气候、地方材料、社会发展、劳动力成本、居民的受教育程度等各方面的适宜技术。

基于现代主义建筑风格、"建筑形式追随气候"的地域化生态建筑设计策略，既融合了地域特色，又满足了当地居民的现代生活诉求；注重用适宜技术进行生态实践，将传统手工业作坊式的建造技术与现代技术相结合，欣然接纳可提高生产效率的机械化，但二者的比重依据当地的经济发展状况而定，因此这种生态设计策略的适应性很广泛。此种策略下产出的生态建筑在空间布局上多由庭院、天井等"开敞空间"穿联的彼此独立又相互关联的小体量建筑（属于低层建筑范畴）构成，既能获得良好的自然通风和采光，还能较好地"消融"于大自然；在建筑形式上，受启发于柯里亚基于印度乡土民居应对炎热气候的生态经验而提出的"管式住宅"形式，各地从当地的乡土民居中总结类似应对气候的传统建筑形式，并将其运用到当地的现代生态建筑中；但在现代材料的选择上，不仅要考虑成本和制作难易的问题，更要考虑其是否具有生态节能的特性，要避免使用耗能大、破坏环境、废弃后不易回收、甚至产生有毒物质的建筑材料；同时在建筑造型的处理上，不仅要反映当地的地域特色，还要具有一定的现代特征，要将传统与现代元素有机结合，而非模仿或生硬地堆砌组合。

二、"寻道"仿生学

自然总能找到最好的办法。

——杰维尔·皮奥茨

中国古语有云："橘逾淮而北为枳，鹦鹆不逾济，貉逾汶则死，此地气然也。"[1]中国古人自战国起便认识到生物具有适应特定自然环境的能力。直至1859年，达尔文用其鸿篇巨制《进化论》向世人科学地阐释了这种能力的产生是自然优胜劣汰的结果，即"物竞天择，适者生存"，这是达尔文生物进化论的精髓，亦揭示了生物是在自然历经数亿年的自然选择下，为了生存被动地具备了适应自然环境的能力。

生物应对自然的技术策略层出不穷，但都遵循"最低能耗、最低材耗"的原则，比如以蛋壳、蜘蛛网为代表的集约化的优良生物形态（高效省料、轻质高强）；以蜥蜴、含羞草为代表的灵活的应变生物机制（"主动"适应环境）；以动物的表皮为代表的多功能生物结构（既是表观形式，又具调温功能）等，最重要的是生物与生俱来的"进化性"，即生物能够通过新陈代谢不断更新自己，让自己时刻具有优化再发展的空间。生物在面临不同自然环境时所做出的相应应变举措能为人类提供诸多启示与借鉴，仿生学应运而生。

[1]《周礼·考工记》。

仿生学的概念是历经百年跨度才最终形成的，

自17世纪伯纳利（J.A.Boreli）基于技术角度研究生物的形态、骨骼、关节、运动的关系从而提出"技术生物学"，到18世纪飞行物理学家盖勒基于生物形式和功能模拟的研究首次提出"仿生学"（Biology+Technic=Bionic）概念[1]，之后历经不断发展，至20世纪60年代，"仿生学"已臻成熟，其拥有了系统的理论基础和基本的研究方法，但其并不是孤立成长的，而是渗入其他领域，与相关学科不断碰撞后，如破土的幼苗围绕"仿生"主干，不断长出枝丫而成长为参天大树。

仿生学自20世纪上半叶便已渗透进建筑领域，随后建筑仿生学逐渐发展为一个学科分支。20世纪二三十年代，意大利建筑师圣·伊利亚以及奈尔维的建筑创作理念中呈现出仿生学萌芽；20世纪50年代末、60年代初，美国建筑师富勒从结晶体及蜂窝的梭形结构得到启发，提出"少废多用""世界上存在着能以最小结构提供最大强度的系统，整体表现大于部分之和"；随后，宾夕法尼亚大学教授伊恩·麦格哈格在*Design with Nature*中研究生物、自然现象中过程和形式的关系，指出形式也是一种沟通，他提出一种重要的认识模式，即：自然是一个过程，表达了对"这一过程之适应性"的特定形式才是有意义的形式，这种思路影响了一批有所作为的建筑师[2]；20世纪七八十年代，继强调尊重自然规律、基于仿生角度提出"生物气候建筑"的德国建筑师弗雷·奥托成立"Biology and Architecture"

[1] 李保峰. 仿生学的启示[J]. 建筑学报, 2002.09.24。

[2] 同上。

生态小组后，生态建筑运动的先驱A.施耐德成立了建筑生物与生态学会，建筑应被视为"活"的有机体这一理念逐步加强，仿生学在建筑中的应用逐渐增多；1983年由德国的生态建筑学家勒伯多撰写的《建筑与仿生学》（*Architecture and Bionic*）出版，此书是建筑仿生学的理论基石，其具体阐明了建筑学应用仿生理论的意义和方法，建筑仿生学与生态学、美学等的关系；紧随其后，由Karl Von Fisch撰写的*Animal Architecture*出版，此书赞颂了自然界中大量的"天才"动物建筑师，比如可抗非洲高温高热气候的白蚁窝；质量轻但强度大的蜂巢；材料利用最大化的蜘蛛网等。德国著名仿生学家Werner Nachtigall在其著作*Pattern of Nature*中提出了"适合功能之造型的仿生学设计原则"，其中包括：整体化而不是附加构造；整体的最优化而不是零件的最大化；多功能而不是单一功能；对环境的微调；节能；直接和间接的太阳能利用；整体的循环代替不必要的垃圾堆积，网络化关联而不是线状联系等。1993年，一场名为"自然与建筑"的展览由意大利建筑师保罗·波多盖西于罗马举办，并且于1997年其还出版了相应的著作，书中对人工化建筑与自然化形态的共性和关联性做了系统全面的比较分析；1999年首创以研究自然现象和环境作为全面设计基础的美籍华裔建筑师崔悦君，基于其多年丰富的实践经验，出版了*Evolutionary Architecture*，开创了"进化建筑学"的先河，其理论带有强烈的仿生学倾向；近年来，随着 *Bio-Architecture* (Javier Senosiain, Routledge, London, 2003)，*Zoomorphic:New Animal Architecture* (Hugh Aldersey-Williams, Laurence King Publishing, London, 2003)，*Bio-structural Analogues in Architecture* (Joseph Lim, BIS Publishers, Netherlands, 2009)，*Biomimetics for Architecture & Design:Nature-Analogies-Technology* (Göran Pohl.Werner Nachtigall, Springer, Germany, 2015) 等一系列与建筑仿生学有关著作的出版，遵循自然法则、从自然的结构和形态中攫取灵感的设计方法使得与环境共生的仿生学策略日趋成熟，并且催生了与建筑仿生学休戚相关的"生物建筑""遗传式建筑"以及"生命建筑"等的相关理论和实践。

为体现社会可持续发展意识和对人类生存环境的关怀，仿生建筑的研究自一开始便被赋予提供健康生活、改善生态环境的内涵。从建筑创作的角度出发，仿生是生态构思的一部分。生态建筑的本质即建筑自身进行生态自治，通过组织建筑内外空间中的各种物态因素，使物质、能量在建筑生态系统内部有秩序地循环转换，获得一种高效、低耗、无废、无污、生态平衡的建筑环境，这实际上是一种建筑生态的可持续性设计，它遵循人—自然—环境的相互协调与共生发展。随着人们对于建筑功能要求的提高，建筑能源的消耗也随之加剧，生态建筑

[1] 戴志中. 建筑创作构思解析——生态·仿生 [M]. 北京：中国计划出版社，2006。

是目前建筑发展的趋势，各国的建筑师都希望通过先进的技术以及能源的运用使建筑减少耗能，从而实现低碳环保的使用性。[1]从设计的手法上看：一种是将建筑融入自然使建筑成为生态系统的一部分，能更经济便捷地利用资源；另一种是将自然引入建筑，使建筑具有自然性。仿生设计就是通过将自然引入建筑的设计手法，使建筑通过仿生技术实现建筑的可持续发展。

仿生设计是模仿自然、效法自然解决生态问题的有效途径，它不仅契合了自然的客观规律，而且作为高效的创新途径，既给建筑师带来了创作灵感，又因其对生物自然属性的模仿，凸显了建筑的生态化，把建筑和环境的共生融合推向了一个新的高度，促进了建筑环境的可持续发展。以生物学、美学和自然界中的科学规律为基础，建筑仿生将建

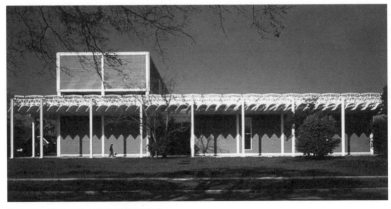

图3-17　美尼尔私人收藏博物馆外观

图3-18　美尼尔私人收藏博物馆内部采光

筑结构、功能和生态环境有机结合，表现为城市建
筑环境仿生、建筑功能仿生、建筑形式仿生、建
筑内部结构仿生四个方面。以皮阿诺最推崇的作
品——休斯敦的美尼尔私人收藏博物馆为例，它是
采用高技术的传统建筑（如图3-17）。这里的天棚
飘板系统用来反射德克萨刺眼的阳光，飘板由三角
形状空间网架悬吊，空间骨架类似于秃鹰翅膀中的
掌骨，可减少相同体积下的自重，下方悬吊的是同
样具有骨架形象的白色光反射板，形成柔和漫射光
的室内展览环境（见图3-18）。在设计中，这四个
方面是相辅相成的。[1]

　　仿生建筑以生物学为基础，探索自然规律，并

[1] 孙久荣，戴振东.
仿生学的现状和未
来[J]. 生物物理学
报，2007，(02)。

[1] 陈珊.欧洲"高技型"生态建筑的技术和设计策略研究[D].清华大学,2004。

通过这些研究成果丰富与完善建筑的处理手法，由于其自然性，仿生建筑也可以称为绿色建筑。仿生建筑更多的是追求建筑的形式、功能和结构的自然性，通过仿生的形式，达到建筑的自然性。[1]以表现主义大师安东尼·高迪的神圣家族教堂建筑为例，他独辟蹊径，重新定义了哥特式建筑，使其成为各种自然形态与色彩的综合体。不羁而富有张力的曲线是生物界的共性，高迪用其营造了带有梦幻色彩的宗教境界，树干是螺旋状支柱的原型，受到地中海波浪的启发才有了屋顶起伏的造型，而教堂内部撑起中殿空间的树枝状巨型廊柱，给人如临森林之感，辅以透过彩色玻璃的大量光线，朝圣者对于天堂的神往由此得以彰显（见图3-19）。

由此可见，生态建筑与仿生建筑的共性都是注重人—自然—建筑的相互协调。即生态建筑可以从仿生的角度出发，将节能环保的功能以仿生的形式

图3-19 神圣家族教堂建筑外观与内部

融合于建筑，两者在设计中并不是孤立存在的，可以通过其共性并存。

将仿生设计应用于生态建筑的一般方法和程式是：先寻找生物原型（仿生对象自身的性状、仿生对象的栖居物、直接利用生物或生物能），然后基于丰富的联想通过直接类比、拟人类比、因果类比、综合类比以及提瑜法等选择原型，进而通过系统模拟法（形态模拟、物理模拟、功能模拟）或黑箱方法分析原型的生物机理，继一系列模拟生物机理的建筑模型实验后，将仿生建筑模型应用于实践。

1.仿生设计在生态建筑中的应用途径

仿生设计可以是多方面的，也可以是综合性的，人们可以从自然界中观察吸收一切有用的因素作为创作灵感，但同时也应尊重与遵循自然界的规律，这样才能做到人宅相生，建筑与自然和谐共存。[1]在选择仿生技术、设施时，不能为突出某一方面效果而影响甚至破坏其他环节，这要求在建筑的外观结构、内部设施、循环系统、材料表皮构成等方面，既要满足建筑的功能，又要适应自然生态效应，这是生态设计的难点。此外，还应将已有的技术手段和准则与仿生相适应，将仿生意识转化为对于生态建筑的整体把握，避免表面化、片段化的设计处理，这也是生态仿生需要强调的问题。

（1）生态建筑中仿生的适应性设计

环境适应性和自我更新是生物的基本特征，生

[1] 夏荻．设计结合自然对当下中国建筑学的启发[J].新建筑，2010,（2）。

物依靠从外界环境中获取的物质和能量进行日常的新陈代谢以获得生长、依靠从外界环境中获取的各类信息时时调整自己主动适应环境以获得进化。因此生态建筑中的仿生就是向仿生对象学习其由于进化与生存所需，主动适应环境、对环境的变化作出积极反馈，进而改变自身的形态与功能，以实现能充分利用所处环境中的自然资源的方法，即适应性方法。适应性设计强调在设计构思之初，首先考虑自然环境与建筑环境间的差异，虽然建筑设计灵感来源于自然生物，却不能生搬硬套，应在系统分析的基础上落实灵感。以北京的水立方为例，新型空间多面体延性钢架结构设计来源于肥皂泡阵列的几何图形，为简化施工，肥皂泡被重新组合、阵列、旋转、切割等，同时结合ETFE膜围护结构设计，从而赋予其空腔自然通风、自然采光等节能特性，降低了建筑物运行能耗。在生态仿生建筑中，适应性是通过仿生设计实现建筑与自然环境的积极共生策略以保证各个因素之间的协调的。

（2）生态建筑中仿生的优化性设计

弗雷·奥托极其注重能实现资源优化的建筑形式，并且对此给出了自己的见解：我不是从形式出发，而是从高效的生物适应性得到启发。因此可持续性仿生建筑的外观设计灵感便来源于生物历经亿万年进化后形成的优良形态，其形式遵循集约化的构造原则，具有充分利用和开发太阳能、风能、水能等生态能量的能力，促使生态建筑接近自然的循环系统，实现用最简的形式、最小能耗提供最大强度、最稳定耐久的建筑形态，最大限度地减少人工设施与资源浪费，建筑材料具有建筑废弃后回收利用的潜力，以最大限度地减少对环境造成的影响。

(3) 生态建筑中仿生的多功能性设计

皮肤、衣服、建筑并称为人类机智应对气候变化的三大"表皮"。皮肤作为第一层屏障，通过感知外界环境的温度变化，调控自身的体温调节机制，如发汗散热、寒战产热等生理活动对所处环境的温度进行微调；衣服作为第二层屏障，冷则增衣、热则减衣，具有很强的温度应变性；无论皮肤还是衣服，都具有保护以及塑造外观的作用，这意味着建筑作为第三层屏障，也得具有错综复杂的多功能性，如既保温又隔热（冬可充分利用太阳能增热保温、夏可抵挡强烈的太阳辐射辅以自然通风散热降温）、隔音、塑形、围护等。生物气候缓冲层、双层皮玻璃幕墙等均是生态建筑中典型的多功能策略。将多功能性与可持续发展融于生态建筑，是仿生在生态建筑中应用的有效途径——创造性地将仿生形式融入生态建筑，将各种功能协调统一为综合的整体，这区别于单一功能元素的简单叠加。从整体的系统设计观入手，以减轻环境负荷为主要目标，通过对健康环境的生态仿生，实现空间上功能的高效性以及多样性。仿生的运用是功能实现的手段而非目的。

2.仿生设计在生态建筑中的应用实例分析

生态建筑的仿生是综合性的：在设计过程中综合运用各种技术手段，既不是对生物现象的简单模仿，也不是单纯的技术拼凑，而是在生态仿生的基础上，遵循最优及整体性原则进行设计。

（1）台湾塔

由罗马尼亚籍建筑师Stefan Dorin设计的台湾塔方案对于生态的诠释兼具实际的技术进步（材料、循环利用、替代能源）、理性主义、功能主义等多种因素。

台湾塔的外观采用了仿生设计，取意"飘浮的眺望"，灵感源于大自然的树叶，四周由八个可如电梯般在树干上下移动的空间叶片环绕。该建筑将创新性和开拓性纳入其新的总体规划，旨在创建一种具有人文气息、创新活力、科技质感的未来城市绿洲的生活方式。台湾塔严格遵循了绿色生态建筑定义的九大指标，统筹了生态、节能、减废、健康等的设计模式，加强了园区环境一体化和绿地、垂直绿色平台、空中花园、室内环境以及居室墙面的联系，增强了人与自然环境的互动。此外，还利用了新的可持续能源，比如利用太阳能和风能发电，再比如运用植物和生物技术所产生的新能源，以适应气候变化带来的环境效应等。秉承保护环境的宗旨，台湾塔将采用100%的二氧化碳零排放指标，如采用可重复使用的材料，以大大减少二氧化碳的排放，从根本上治理城市气候变暖；通过储存雨水，给建筑上的植物提供一个富含微生物的自然环境，以延长它们的寿命；遵循能源效率最优原则，尽可能地减少空调以及照明设施，倡导可循环使用能源的利用。

生物历经自然环境的千锤百炼，造就了十分符合力学原理的结构骨架，是诸多建筑实践的灵感来源。钢结构得益于自身的机动和灵活属性，具有极好模拟自然界中动植物的骨架体系。此建筑结构的设计理念是暴露的"外骨骼"。其充分考虑到了地震和台风因素，延长了建筑的使用寿命；出于提高空间结构灵活使用的可能性考虑，所有悬挂的分区部分都被设计成可随着功能变化而变化的灵活性平台，值得一提的是内部规划时已为功能、空间要求和未来的变化反应预留了极大的灵活变动空间。此外，双层系统也给予了维护电力设施、水利设备、空调设备和空气条件的最大限度的灵活性，这亦有效地延长了建筑的整体生命周期。

这种仿生形式集合了所有的可持续性发展技术。正如杨经文所说："建筑设计是能量和物质管理的一种形式，其中地球的能量和物质资源在使用时被设计者组装成一个临时的形式，使用完毕后消失，那些物质材料或者再循环到建成环境中，或是被大自然所吸收。"[1]台湾塔的仿生形态实质就是生态建筑，是将生态理念用于人为环境及物质空间的具体物化，而将仿生的设计理念融入生态建筑，则

[1] Ken Yeang. Designing with Nature: An Ecological Basis for Architectural Design[M]. McGraw-Hill Inc, 1995:118.

图3-20　台湾塔的设计构思与建筑外观效果图

使建筑本身更富自然内涵，极大地提升了生态建筑的外在表达方式以及与自然的呼应。

（2）伦敦瑞士再保险公司总部大楼

诺曼·福斯特基于仿生自然界松球的构成形式，设计了伦敦瑞士再保险公司总部大楼。由松果上自然生长的螺旋线获得启示，瑞士再保险公司大楼的表面亦分布着如出一辙的6条螺旋形结构的暗色条带，并且其还是一个可以通过开合来自动应对气候变化的"松果"。表面分布的6条螺旋形暗色条带，实是6条引导气流的通风内庭，首先内庭幕墙上的开启扇捕获建筑周边的气流，因这6条螺旋形暗色条带符合空气动力学曲线的原理，其营造了上下楼层间的气压差，由此产生驱动力，将捕获而来的气流沿螺旋形内庭盘旋而上，据称这种自然通风方式每年可为该建筑节省40%的空调使用量。这6条螺旋形内庭的功能不止于强化建筑的自然通风，它们还给该建筑带来了充足的自然采光，既节省了大量照明设备的使用，作为紧密联系各层的共享空间，又让室内获得了视觉和功能上的一体化。由此可见，无论是对建筑的外在形态而言，还是对建筑的空间布局而言，这6条螺旋形内庭都是至关重要的，其实现了让太阳光可自上而下通畅地直射进建筑内部，以及让空气流可自下而上地贯穿各层。

瑞士再保险公司表面的6条螺旋形暗色条带均从建筑底部一直延伸到建筑顶部，使得除了底层商业入口和顶层餐厅外，其余各层的平面均随螺旋线的走势而产生相应偏转，由此生成了具有轴对称性的渐变相似形的平面。隶属于办公区的各层平面均由围绕核心筒的6个均等的分区组成，核心筒部分主要由服务于各楼层的公用会议室、卫生间、楼梯、（消防）电梯及其余辅助性用房组成，核心筒由环形的交通区域包围，与交通区域相接的是6个均等的分区，各分区都是相对独立的办公区域，而分隔各办公区的是三角形的内庭，各层三角形内庭规律性地错开一段距离，才呈现出扭转的螺旋形通高空间，纵观整体，各三角形内庭穿联起来即上述的6条螺旋形暗色条带，自下而上贯穿整个建筑。这6条螺旋形内庭空间，既是办公人员休憩娱乐的场所，又为各办公区提供了充足的自然采光和自然通风，其让此建筑（人工）与自然联系得十分紧密，既给了工作人员身处办公场所亦可近距离拥抱自然的机会，又最大限度地实现了用"自然之力"满足工作照明、调温、通风等的需求，极大减少了人工照明设备和空调等调温设备的使用，既节约能耗还十分环保。

伦敦瑞士再保险公司总部大楼的外形仿松球而建，形成了符合空气动力学的曲形表面，使得自各方向吹来的自然风都可顺着光滑的建筑表面通畅吹过，最大程度地减少了外部风力对建筑结构施加的荷载，从而极大降低了建筑结构和玻璃幕墙的造价，而且其还能避免方形高楼经常产生的给人带来极大不适的街道风道现象（自然风被建筑平直的表面阻挡而被迫返至地面造成的），见图3-21。这种三维的空气动力学曲面并不是一蹴而就的，而是通过大量呈渐变角度的菱形和三角形平面完美拼接形成的，这使得该保险大厦的平面和剖面都具有连续的、非线性的几何渐变，进而导致各层钢结构搭接构件的尺寸和角度也具有连续的、规律性的微妙变化，最终赋予了它分形的特点。这种复杂的旋转形式可以在冬季获得最大限度的自然采光，夏季上层楼板可为下层空间自然遮阳，同时无论外部风环境如何，均可使自然通风最大化为导向而产生的。据悉，和使用空调调温的同等规模的建筑相比，该保险大厦的能源消耗减少了35%。

顾孟潮教授认为："……建筑设计，最重要的要求就是给予建筑生命，使建筑'活'起来，这也是与以往的建筑最大的区别点。古老的建筑作品的

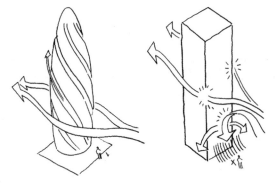

图3-21　再保险大楼概念设计图

基本特点是稳定性、不变性、完美性，所谓'凝固的音乐'成为最高的评价。而今天恰恰相反，人们和时代要求建筑具有非稳定性、多变性、流动性的特征，要求把建筑不变的空间环境变成可变的、多变的环境。"[1]

虽然仿生建筑的主旨在于协调建筑和环境的关系以保持生态平衡，通过模仿生物体的结构或形态拉近与自然界的联系，但现行的相关理论和实践却存在着重"形态"轻"生态"的问题，导致一些仿生设计并未将对自然环境的破坏以及自然资源的消耗降到最低，只是增强了建筑的趣味性，即使是从生态角度出发的研究成果也往往侧重于不系统的建筑技术，而未将"设计"与"技术"相互整合，未从策略的层面进行总结和阐发，因而常表现出偶然性和随机性。所以，在人类的科研水平和技术条件日趋成熟的今天，将仿生设计导入生态建筑的意义在于，利用仿生设计在技术、功能、动力和材料上更好地适应自然环境，寻找有效的生态自循环解决方案。

[1] 顾孟潮.21世纪是生态建筑学时代[J].中国科学基金,1988：35

图3-22 再保险大楼的立面图

图3-23 再保险大楼的平面图

「 第四章　基于山水画中"天人合一"
　　观的现代生态建筑设计策略」

　　若论人与自然的伦理系统，我们仍然必须回到中国道家。道家强调万物有序、无为与平衡的观念，必须加以保存。因为根据道家的思想，道无所不在，从物理层次到生活层次乃至于心灵与精神层次，均普遍关注大道生命。

——赫胥黎

　　"天人合一"作为古人奉行的生态审美，其对现代的生态建筑理论具有一定的指导意义。从天人相类——"人之形体，化天数而成；人之血气，化天志而仁；人之德行，化天理而义；人之好恶，化天之暖清；人之喜怒，化天之寒暑；人之受命，化天之四时"[1]，到天人一体——"国家将兴，必有祯祥；国家将亡，必有妖孽"[2]，至天人同性——"唯天下至诚，为能尽其性；能尽其性，则能尽人之性；能尽人之性，则能尽物之性；能尽物之性，则可以赞天地之化育；可以赞天地之化育，则可以与天地参矣"[3]，达天人同理——"人法地，地法天，天法道，道法自然。"[4]"与天地合其德，与日月合其明，与四时合其序，与鬼神合其吉凶，

[1]《春秋繁露·为人者天》。
[2]《中庸》。
[3] 同上。
[4]《老子》。

[1]《周易·文言》。

[2] 高晨阳.中国传统思维方式研究[M].济南：山东大学出版社，1994：267。

[3]《管子》。

先天而天弗为，后天而奉天时"[1]，可见古人对于"人"与"天"的关系认知，很早便从"人"对"天"的"形式相随"提升到"人"对"天"的"规律追随"上。基于此，张岱年先生认为"中国古代哲学家所谓'天人合一'，最基本的含义就是肯定'自然界和精神的统一'"，在这个意义上，天人合一的命题是基本正确的。只有人的观念与自然精神一致，人的实践行为才会符合自然规律。所以"天人合一"整体自然观的形成是为了说明"天道"（自然规律）始终统一于"人道"（人的实践），服务于人道，最终目标是确证人道。其思维倾向不是指向于天道，而是指向于人道的。[2]因此"天人合一"观念指导着古人与自然和谐相处，在遵从自然规律的基础上营建传统生态民居。所以从传统民居中挖掘其内蕴的丰富生态经验，可为现今的生态建筑理论注入生机，因为二者在本质上是一样的，均是为寻求人—建筑—自然三者的和谐共生。

《管子》曰："夫国城大而田野浅狭者，其野不足以养其民；城域大而人民寡者，其民不足以守其城。""凡立国都，非于大山之下，必于广川之上，高勿近旱而水足用。下勿近水而沟防省，因天材就地利，故城郭不必中规矩，道路不必中准绳。"[3]因地制宜，要依据所处基地的特征灵活采取相应的对策，要巧于因借自然中的各种有利因素。

"屋以面南为正向。然不可必得，则面北者宜虚其后，以受南薰；面东者虚右，面西者虚左，亦犹是也。如东、西、北皆无余地，则开窗借天以补之。牖之大者，可抵小门二扇；穴之高者，可抵低窗二扇，不可不知也。"[1]这段话说明自然采光极其重要，即使场地条件有诸多不利，也要尽可能地想办法实现最大限度的自然采光。

《天隐子》记载："吾所居室，四边皆窗户，遇风即阖，风息即开；吾所居座，前帘后屏，太明则下帘，以和其内（映），太暗则卷帘，以通其外曜（耀）。"[2]又清《地学指正》指出："平阳原不畏风，然有阴阳之别。向东、向南所受者温风、暖风，谓之阳风，则无妨。向西、向北，所受者凉风、寒风，谓之阴风，宜有近案遮拦，……"[3]可见要用应变性的思维去应对自然变化，面对自然馈赠的自然通风和采光，要依据使用者最适宜的感受为前提，利则导，蔽则挡。故而，清代李渔曾发出"是我能用天，而天不能窘我矣"[4]的感慨，并且在《李渔随笔全集》中，其撰写过多种应对自然恶劣环境以满足人们不同季节不同时段需求的生态民居营建举措，如"居宅无论精粗，总以能避风雨为贵。常有画栋雕梁，琼楼长栏。而止可娱情，不堪坐雨者，作失之太敞，则病于过峻。故柱不宜长，长为招雨之媒；窗不宜多，多为匿风之蔽；务使虚实相半，长短得宜。又有贫士之家，房舍宽而余地少，欲作深檐以障风雨，则苦于暗；欲置长牖以受光明，则虑在阴。剂其两难，则有添置活檐一

[1] [清]李渔.李渔随笔全集[M].北京：京华出版社,2000:122。

[2]《天隐子》。

[3]《地学指正》。

[4]《闲情偶寄·居室部·房舍第一》。

[1]《李渔随笔全集》。
[2]《天隐子》。
[3]《春秋繁露》。
[4]《黄帝宅经》。

法。何为活檐?法于瓦檐之下，另设板棚一扇，置转轴于两头，可撑可下。晴则反撑，使正面向下，以当檐外顶格；雨则正撑，使正面向上，以承檐溜。"[1]

《天隐子》曰："阴阳适中，明暗相半。屋无高，高则阳盛而明多；屋无卑，卑则阴盛而暗多。故明多则伤魄，暗多则伤魂。人之魂阳而魄阴，伤于明暗，则病疾生焉。此所以居处之室，必使之能向天地之气。"[2]又《春秋繁露》曰："台高多阳，广室多阴。远天地之和，故人主弗也，适形而已矣。"[3]可见，古代传统民居的营建举措充分体现了"节制"的生态思想，适度营建，不过度也不局促，适度使用自然资源以满足人们基本生活所需即可，这和当今生态理念的核心不谋而合。

《黄帝宅经》曰："宅以形势为身体，以泉水为血脉，以土地为皮肉，以草木为毛发，以舍屋为衣服，以门户为冠带，若得如斯，是事伊雅，乃为上吉。"[4]这是古人对于"吉宅"的描述，其将住宅拟人化，赋予建筑以生命，其在一定程度上与当今的仿生建筑理念有异曲同工之妙。建筑不是一成不变的，而是一个可以进行"新陈代谢"的生命体，将其置于生态系统的环境之中，提取场地自然优势，结合人工生态营建，令建筑的"代谢"达到良性循环，最终促进生态环境的循环，使建筑完全融合在主体环境之中，进而造福于人类。

第一节 现代生态建筑设计策略优化之覆土建筑

随着能源紧缺、污染加剧、用地紧张的问题日益加剧，可持续发展理念及与之对应的生态建筑形式逐步得到业界认可，在古老的"穴居形式"基础上，创新覆土建筑成为建筑领域生态设计的新生力量。本实践从生态效能角度对覆土建筑形态设计进行探讨，提出了针对荒坡矿坑因势就形的覆土建筑设计策略。创新的覆土建筑是在汲取古老"穴居形式"生态经验基础上，结合现代生态设计原理与技术应运而生的。

一、相关概念简述

1.覆土建筑

"覆土建筑"（Earth-sheltered Architecture）一词虽在国内外被广泛运用，但其概念却十分模糊，并常与地下建筑（Underground Structure）、地形建筑（Landform Architecture）混用。三者虽然在一定程度上具有相通性，但从它们的英文翻译中可直观看出其差异性："Underground"意味着地下建筑的主体建筑空间必位于地下；"Earth-sheltered"意味着覆土建筑

[1] Desimone LD,
Popoff F. The
Business Link
to Sustainable
Development. Eco
-efficiency[M]. MIT
Press, Cambri -dge
MA, 1997. 转 引
自: 陈迪. 中国
制造业生态效益评
价区域差异比较分
析. 中国科技论
坛, 2008(1)。

的主体建筑空间可地上、可地下或部分地上部分地下，并且强调建筑要作为自然的构成要素，完美地融入周边环境；"Landform"则意味着地形建筑可覆土可不覆土，更侧重于将建筑表现为对地形的抽象解读。基于三者的比较，本文尝试从建筑与环境的关系出发对覆土建筑这一概念作出界定：具有气候效益，以节约用地、顺应地形、恢复生态、节约能源为目的，建筑表皮（屋顶与部分围护墙体）由自然实体（土、石、植被等）所覆盖的建筑，均可称为覆土建筑。

2.生态效能

生态效能（Eco-efficiency），即生态效益。"Eco-"涵盖Ecological（生态）以及Economic（经济）双重内涵，"efficiency"则意味着二者之间的最佳配置，即创造经济价值时，尽量减少资源的消耗和对生态环境的冲击[1]。

图4-1　场地矿坑现状图片

国内外学者早期对生态效益的解读均较为狭隘：我国以农业为重，其解释首见《森林采伐更新管理办法及说明》：利用生态系统的自我调节能力和生态系统之间的补偿作用，提高物种的再生能力，维持和改善人类赖以生存、生活和生产的自然环境及其生态系统的稳定性，使人们从中得到环境整体性的效益，即称为生态效益[1]；而国外的"生态效益"始于商业领域，旨在推动企业界的可持续发展。如今，生态效益的运用十分广泛，各行各业、各级组织均用"生态效应"来应对全球生态挑战。扎林等提出，"在很多情况下，生态效益被作为一个在所有系统中，在不忽略经济性因素的前提下，达到生态最佳化的工具"[2]。

基于前辈学者的研究，本实践的生态效能着重于寻求经济效益与生态环境效益的平衡点，用"自然之力"满足人类生产、生活、生存的需求，最大限度地减少机械外力作用，使二者在此基础上形成正相关的联系，相辅相成。

二、中国鞍山千山生态景区接待中心设计案例分析

1.设计前期分析

（1）鞍山地区气候分析

鞍山地处中纬度的辽东半岛中部，松辽平原的

[1] 李德.绿地生态效益定量分析的数学模型[J].林业经济,1995,(5):1。

[2] Saling P,Kicherer A,Dittrich-Kriimer B,et alEco-efficiency Analysis by BASF:the Method[J].The International Journal of Life Cycle Assessment,2002,7(4):203-218.

东南部边缘，属暖温带大陆性季风气候区，东依千山余脉，西临辽河、浑河、太子河和绕阳河。其气候特点为：四季分明、雨热同期、干冷同季、降水充沛、温度适宜、阳光充足。春夏季盛行南风，秋冬季盛行北风。

（2）设计场地与周边环境分析

该项目基地位于鞍山千山韩家峪大黄柏沟，其距鞍山市内17公里，总面积约100公顷，属于典型的两山夹一沟，地势高低起伏（总体东高西低），且大黄柏沟所处的千山风景区素有"东北明珠"之称，是国家重点风景名胜区，景色秀丽。它不仅具备独特的生态环境，还拥有显著的地理优势，其与已形成规模效益的韩家峪乡村特色酒店一条街仅一路之隔。但由于历史原因，区内有一大型废弃矿坑，其已造成当地一定程度的水土流失，严重破坏周边生态环境，高约30米，面积约1.4万平方米，此处地形地貌及自然生态环境均急需得到修复。

（3）基于生态效能的覆土建筑形态设计策略的制定

考虑到场地内废弃矿坑若采用常规矿坑修复方式，不仅周期长，而且生态效益单一，因此制定了覆土建筑形态的景区接待中心设计方案。它不仅能快速有效地恢复地形地貌，还能在达到生态环境效益的基础上增加景区服务设施，提高经济效益。在前期造价上，覆土建筑比矿坑常规修复方式要高，但此举却能提升场地环境的空间品质（节约用地的

图4-2　千山生态景区覆土建筑形态接待中心鸟瞰

同时提高了空间利用率），带动场地与周边环境的市场活力，从动态评估角度计算，其最终经济效益是大大增加的。覆土建筑继承了古老"穴居形式"独特的生态优势——冬暖夏凉的气候效应，还能极好地适应天然地形。但解决好"穴居形式"固有的潮湿、通风与采光等痼疾是创新现代化生态覆土建筑的着力点。本设计将建筑被动式设计策略与覆土建筑形态结合，以此提升生态效能。

2.建筑形态设计与被动式设计策略

（1）建筑形态设计

赖特认为："任何有机建筑的本质都是从它的场地中破土而出成长起来的。大地本身就是建筑物的

[1] 邹永华，宋家峰．关于生态建筑的哲学思考[J]．建筑，2002(12)：30。

[2] 荆其敏．覆土建筑[M]．天津：天津科学技术出版社，1988：208。

基本组成构件。地面是最简洁的建筑形式，建筑物则是大地与太阳的产物。"[1]

覆土建筑形态完美地表现了这种自然生长性。在该项目中，覆土建筑的形态结合矿坑朝南建造，顶部覆土，部分侧墙埋于山体中，同时为顺应地势，整体高度由北向南呈坡度曲线性递减，由中间向东西两侧呈坡度曲线性递减（顺应山势利于排水），加之屋面覆盖绿化，使其在形态、体量与肌理上与周边环境有机地组成整体，实现建筑外观与自然环境的共生。

工业革命后，科技的飞速发展导致了新技术、新材料的大量涌现，这使得覆土建筑不再受限于传统的生土材料，发展了以钢筋混凝土与钢结构为代表的新型建筑结构形式，"在具有高强度和良好防潮隔热系统的建筑物结构上覆以天然土壤"[2]成为覆土建筑形式的主流。钢构造具有轻量化、节约建材、低污染且回收效率高的优点，被誉为绿色构造。本建筑采用钢骨架结构，避免了钢筋混凝土的应用。钢筋混凝土建筑（简称RC建筑物）主要由高

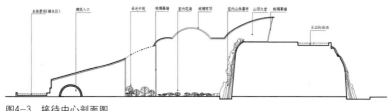

图4-3　接待中心剖面图

耗能、高污染、高二氧化碳排放的水泥所铸成。水泥从石灰石开采，经窑烧制成熟料，再加入石膏研磨成水泥，生产过程耗用大量煤与电能，并排放大量二氧化碳。另一方面，在营建过程及日后的拆除废弃物之污染也非常严重。为了减少RC构造的高污染，"建筑轻量化"是一种最有效的对策，其中尤以采用钢构造建筑是一种最符合二氧化碳减量的建筑形态。虽然钢铁建材也是高耗能产物，但由于它的回收再生利用率甚高，是属于较环保的建材。本设计还在钢结构的基础上，于建筑立面以及穹顶上大量采用双层中空玻璃，因其反射与折射的固有属性，在玻璃表面便呈现了第二个自然，与周边自然环境交相辉映，使自然美得到极致的彰显，是"本于自然，高于自然"的完美诠释，既在外观上延续了自然，又赋予了场地新的生命。

此覆土建筑的另一大特点便是将室外景观融入室内，由内而外地实现此覆土建筑的自然生长性。各庭院、天井景观将自然室内化，令观者的视觉享受在室内外具有连续性；矿坑的侧壁被重新"披上"绿植（垂直绿化），重焕生机；中庭大堂的矿坑侧壁则被借势赋予了另一种自然形式：山体瀑布，给观者营造了上"天"下"地"，徜徉于山、水、绿植之间，不在自然，胜在自然的胜境。使建筑真正"隐形"。

通过因势就形、覆土绿化以及玻璃的采用使得此建筑作为自然的构成要素，成功"消隐"，显示出对场地环境的尊重。此覆土建筑模仿自然山脉起伏，不仅在室内外的视觉感官上呼应了自然，还通过建筑被动式设计策略在生态功能上顺应了自然。

（2）建筑被动式设计策略

"被动式原意为诱导、顺从，取其顺其自然之意。被动式建筑就是顺应自然界的阳光、气温、风的自然原理，不消耗常规能源的建筑。"[1]

常规建筑需要暖气、空调等消耗大量能源的设备主动调节居住环境的温度和湿度来达到室内舒适度的要求，但这只会加剧环境污染、温室效应以及能源危机。因此建筑被动式设计策略的运用，对于整个人类社会，尤其是自然环境具有十分积极的生态作用。

①覆土种植设计

土壤的"热"延缓性增强了建筑外围护结构的保温隔热性能，使得建筑内冬暖夏凉，极大地节省了供暖和制冷的居住能耗。同时覆土绿化与周围环境共同作用，创造宜人舒适的微气候，因此"覆土绿化"形式也是建筑被动式设计策略的一种方式。

A．覆土种植结构层次

本设计遵循种植屋面的一般构造层次，从上到下依次为：种植土壤层、过滤层、排水层、防根层、隔离层、防水层、砂浆找平层、结构层。[2]

设计要点：①种植土壤层：因自然土壤自重大，种植基质便选用含有植物生长所需元素重量轻的改良土和人工轻量基质，其具有稳定的保水性和

[1] 杨柳．建筑气候分析与设计策略研究 [D].西安：西安建筑科技大学，2003：10。

[2] 彭璨云．屋顶绿化的可持续发展：北京棕榈泉国际公寓中央庭园绿化工程 [J]．建筑创作，2004(10)：92。

透水性，以减轻屋顶负荷，加之鞍山降水充沛和此屋顶流线型的设计，为防止雨水冲刷腐蚀、土壤流失，本设计采用在土壤顶层覆一层钢网，在钢孔中种植植物的方法，并且在土壤底层铺一层毛毡，既不妨碍水分下渗，又可阻止植物根系破坏下置结构层次；②排水层：本设计覆土绿化以小灌木及草本为主，为保证它们的正常生长，种植土设为40cm厚，一旦大雨或喷灌过多时，种植土易吸水饱和，多余水分必须排出屋面。以大小约2cm～3cm长的陶粒、卵石、砾石等材料用作排水层，铺设约10cm～15cm厚，同时它亦可作蓄水层。蓄水于卵石层内，当种植土干燥亦可回流入种植土中，其余水分则在经过种植土、植物根系、排水层的过滤后，排入整个建筑专设的地下集水系统中，与建筑前湖泊、中庭中瀑布、北入口的瀑布连合成一个活水循环系统。

B.覆土绿化植物种类选择

覆土绿化在保证景观效果的前提下，为使结构层尽可能小地承受荷载，土层厚度有了极大的限定，加之屋顶上环境更加恶劣，因此在选择植物种类时要注意以下几点。

a.在满足景观需求与低荷载要求下，选用生长期长但生长速度相对较慢、管理粗放的低矮灌木与草本，以减轻覆土绿化的屋顶维护强度。

b.选择抗性强的植物，即耐旱、耐寒还耐瘠薄，因鞍山地处北方，相对雨量少且更加寒冷，且屋顶土层较普通地面更薄，其保湿性、保温性以及肥力情况均不如普通地面。

c.选择全日照喜阳性植物，因建筑朝南且屋顶由北向南呈坡度曲线形递减，植物必全天暴露在烈日下。

d.选择浅根性植物，须根为上，因屋顶土层薄，以防植物对屋面层结构造成破坏。

e.选择抗风不易倒伏的植物，因建筑顺季节风向而建，又屋顶风力更大，对植物是极大的考验。

f.以乡土植物为主，因乡土植物对当地气候适应性最好，在屋顶更易存活。

②被动式通风设计

自然通风是建筑进行"呼吸作用"，促使室内外进行能量交换（热量、水分、空气）的重要手段。不仅可以改善室内的温度和湿度，还能更新室内空气，创造宜人的室内微气候。

自然通风是在合理选址、合理空间布局以及合理门窗设置的基础上来实现建筑对气候的"阻"与"导"的：导入有利的气候资源，阻截不利的气候因素，进而消除对空调等设备进行机械通风的依赖，以此节约能源，改善生态环境。本覆土建筑设计北面靠山，朝南顺山势而建，在契合地形的基础上成功利用了鞍山季节性主导风向（春夏盛行南风，秋冬盛行北风）的特点，起到"导"南风、"阻"北风的作用。

整个建筑形体沿山坡舒展，北高南低，南入口还有一个生态湖泊，经过水面的南风即可顺地势，利用风压穿堂而过，亦可借助建筑内庭院、天井利用产生热压的"烟囱效应"而出，带走室内热量的同时给其增湿。

因此覆土建筑是全地上的山坡式覆土建筑，同时又地处东北鞍山，所以传统覆土建筑的潮湿问题在此处并不明显。

③被动式太阳能利用

考虑到此覆土建筑朝南，位于山坡上，整个建筑沿着山坡的坡度舒缓展开，由北向南逐渐降低，顺应周边自然坡度，在视觉上形成"山地余脉"，所以拥有充足的采光，开阔的视野。充足的自然采光不仅能丰富建筑室内的视觉感知环境，还具有丰富的热效应，是建筑被动式采暖的重要热源，本设计采用以下三种方式最大限度地利用自然采光以增强被动式太阳能利用。

A.穹顶天窗采光

基于此建筑覆土表面较大，便设计了三个大小不一与坡面相连的穹顶天窗，分布于此建筑的三个方位，既满足美观性，又使覆土坡面下空间保持开敞，获得良好自然采光，且天窗采用双层玻璃（能较好地减少能量的散失），同时结合水幕系统，夏天水幕打开，利用水帘蒸发吸热降温，"曝气（曝氧）"后的水系流入覆土绿植种植土中进行灌溉，十分有利于植物的生长；冬天水幕闭合，用以储藏热量。

B.庭院（天井）采光

庭院景观将自然室内化，同时兼具休闲与交通作用，在朝向庭院、天井方向开设大面积玻璃门窗来获取丰富的自然光线，夏季庭院、天井利用热烟囱效应将热气排出屋外。

C.侧面采光

本设计沿覆土建筑立面开设大面积玻璃门窗，加之建筑朝南，由北向南呈坡度递减，极大地增强了自然采光。夏季覆土建筑的出檐挡住了强烈的入射光线，同时不影响室内明度，起到降温的作用；冬天因阳光入射角度的改变，出檐对太阳入射光线没有遮挡影响，建筑通过双层玻璃立面能最大限度地吸收光照热量，储藏在窗下储热体内，夜晚，储热墙将白天储存的热量释放出来，保证室内温度。夏天，因植物的蒸腾作用，覆土绿化能起到很好的降温隔热作用，降温效果由此凸显；冬天，土壤的"热"延缓性配合充足的自然光线的摄入，成为此建筑最大最有效的蓄热体，保温作用亦十分显著。

现代化生态覆土建筑是用来缓解当今用地紧张、能源紧缺、生态恶化等系列问题的重要手段，本设计便因设计场地的特殊性制定了山坡式全地上覆土建筑方案，其所具有的生态效能十分突出。

经济效益：尽管覆土建筑前期造价比普通建筑高，但覆土设计可以高效地将废弃坡地、沟壑利用起来，使土地重新具有价值，同时带活周围环境，改善环境质量，将土壤强大的保温隔热效用与被动式设计结合在节约能源的同时给居住者创造舒适环境，从动态的长期发展眼光来看，其潜在的经济效益是巨大的。

生态环境效益：覆土绿化可以调节建筑环境周边的微气候，绿植可以蒸发吸热降温增湿，形成凉风吹向室内，涵养水分，过滤雨水改善水质；可以净化空气，吸收空气中的粉尘、二氧化碳及有害气体；可以减轻城市噪音；还可以让出土地，恢复生态。

覆土建筑按埋深与地面的关系可分为地上覆土式、半地下式及全地下式，各有各的优势及缺点，建筑师应充分考虑设计场地的气候、地形等因素，因地制宜地选择合适的方式，充分发挥其优势，同时将场地环境的各种有利因素加以利用，结合建筑被动式设计策略，制定出适合设计场地的最优覆土建筑方案。

第二节　现代生态建筑设计策略优化之"会呼吸"的生态温室

当今时代，人类的发展对自然和社会造成的影响越来越大。建筑作为传统的能耗大户，其对地球生态和人居生存环境的影响也日益加深。基于环境恶化的反思，带来了生态建筑和智能建筑等具有可持续性的建筑发展方向，而建筑形态也随之产生相应变化，如果能从更具生态价值的建筑物绿色效能出发，重新审视建筑物的存在形式，开辟一条生态建筑设计的新途径，意义重大，这其中建筑形态对生态效能的投射不可或缺。

本实践所提及的生态效能，不仅包括建筑物寿命全周期范围的内外部环境，还包括区域环境内可再生的自然资源生态能量的重新整合。通过对太阳能、风能、植物能以及水资源的利用，改善碳储存和吸收，降低能耗，并通过建筑形态及其环境行为对区域生态条件的影响，即微气候环境的营造，减弱城市热岛效应，净化大气，达到区域环境(住区)内能量需求的良性转换和传递。

在建筑的不同层面"形态设计"中，本文将"效能型建筑形态"作为异于其他建筑形态体系的本质特征。并通过这种形态对环境生态的特殊（绿色）需求做出有效回应，以实现对不利环境的主动控制。建筑形态所促成的生态效能是以建筑表皮为主导的，建筑表皮的形式和材质决定着建筑形态。无论夏季隔热、防热还是冬季保温，建筑表皮上的开口部位都是影响能耗的关键部位，而开口部位恰恰具有"可变化、可调节"的可能性，这种可能性成为建筑节能与建筑创作的联系环节，对于建筑师具有特殊意义。[1]

基于生态效能的建筑形态设计是在观念不断创新的时代，以生态学为理论基础，以后现代哲学为思潮根源，以现代化建造技术为支撑，试图通过

[1] 李保峰．适应夏热冬冷地区气候的建筑表皮之可变化设计策略研究[D]．北京：清华大学，2004。

图4-4　温室现状图　　　　图4-5　"会呼吸"的生态温室效果图

绿色多元的直观形态和丰富的空间体验来模拟和还原现实世界绿色的建筑形态体系，是建筑形态基于"绿色生态"的重新再造。

"效能型建筑形态"以非线性思维为本质特征，以数字化技术为物质基础，以向我们展现眼前世界的生态性为设计目的，它是外在设计形态与内在复杂生态（逻辑）关联的综合体。建筑形态流变的混沌与正在全面渗透的环境生态导向，是当代建筑实践对事物整体关联、动态进化机制的映射，"生态性"的实质是这一机制引导下的设计观念转变。

1833年，巴黎植物园温室成为第一个以玻璃和铁等新材料、新技术、新功能为代表的标志性建筑，满足了那个时代工业建筑对大空间和采光的要求，对后世的建筑构造方式带来影响。1851年，在工业革命的催化作用下，以铁和玻璃为建筑骨架和表皮的水晶宫，开创了20世纪现代建筑形态与结构的先河。柯布西耶为巴黎大学设计的巴黎瑞士学生

[1] 吴焕加．中外现代
建筑解读[M]．北
京：中国建筑工业
出版社，2010。

宿舍被认为是第二次世界大战后流行起来的玻璃幕墙的先声。[1]

　实践证明，玻璃建筑在热、光、通风方面的物理性，能够最大限度地影响其内部的建筑物理环境水平，因此本实践通过对中国江苏常州大学教学和科研用温室建筑形态进行再设计，用大自然的力量改善建筑室内的温度、湿度，提高室内舒适度。满足室内使用者舒适要求的建筑物理环境，同时最大限度地利用外部环境资源，减少能耗，改善气候不利条件，实现建筑对区域环境的生态反哺。

此项研究的目的不是对建筑形态新趋势的归纳性总结，而是将研究对象置于动态的、开放的研究体系中，通过对具有普遍意义的玻璃建筑的生态化"形态"再造，针对有利于生态效能的建筑形态创作方法、设计流程展开研究与实践，具体探讨建

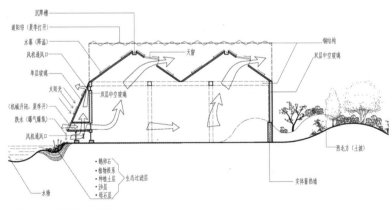

图4-6　夏季剖面示意图

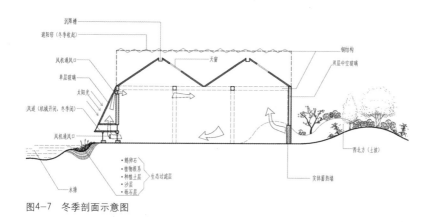

图4-7　冬季剖面示意图

筑形态内外环境的互动关系。旨在构建一个对其能
客观、综合解读的研讨平台，以期带动更大范围内
的住区环境生态反哺研究。这其中科学技术的制约
对建筑形态的改变固然重要，但意识形态和设计理
念的改变也不容忽视，虽然这种改变常常落后于新
材料、新技术、新功能所带来的变化。而基于生态
效能的建筑形态再造更多来自上层建筑和意识形态
的改变。国内的玻璃温室没有将其建筑形态与生态
技术有利结合，没有真正用好生态效能这个"永动
机"。尽管建筑形态是本文讨论的重点，但是在建
筑设计过程中，形态和建筑整体乃至外部环境都是
密不可分的。因此，在研究基于环境效能的建筑形
态创作理论和方法的同时，关注点并不局限于形态
表面。而是通过对建筑形态系统化的设计，形成对
建筑环境、地域文化、独特功能等需求的系统性有
效回应，形成更加理性客观的建筑生态关联。

　　该玻璃温室原设计为连续横向跨度60米、纵向跨度16米、顶高7米并配有外拉幕遮阳系统、风机湿帘降温系统、空调系统、屋顶喷淋系统。这是国内玻璃温室的标准做法，虽然也采用了一些智能设计，但还是存在较大问题，首先是立面单层玻璃幕墙在夏季没有遮阳系统，室内温度过高，风机湿帘降温系统作用有限，空调降温能耗较大，而在建筑外立面幕墙上如果设置外遮阳帘虽然在夏季可以达到一定的降温效果，但采光会受到较大影响，同时遮阳帘的自动调节等控制系统成本较高，此外，从人文、历史、审美等文化层面的因素考虑，这样的设计效果明显不能达到建筑的生态美学要求。冬季，白天由于阳光照射，温度还可以达到舒适要求，夜晚由于玻璃的物理特性，室内温度下降较快，无法满足使用要求。基于此，我们首先从因地制宜的设计需求出发，重视江南地区的气候特征（亚热带季风性湿润气候，温暖湿润，雨热同期），同时考虑玻璃、金属型材吸热快、散热也快的物理属性，结合温室使用需求、使用方式等特定条件，重新设计了室外玻璃顶棚的沉降出水系统。主要是通过室外池塘锅盏形底部过滤泵将蓄水泵上屋顶沉降槽沉淀出泥沙杂质后均匀溢出，在建筑表皮形成带有坡度角的流淌水幕。配合原有的遮阳系统，在夏季能够起到更好的降温效果，沉降槽内沉积物可以作为肥料使用。其次，根据当地气候特点优化建筑体型系数，在有利于接收太阳光的南立面外再加设单层带有一定倾斜度的无框玻璃幕墙，这样能够增大建筑的延展面积，以最大面积、最佳角度、最多时间更有效地收集太阳光能，其与温室原有的南向立面形成一个利于温室微气候调节的气候缓冲区（阳光间）。当然，这其中我们还要通过可升降金属遮阳帘，解决大面积玻璃墙体阳光直射造成的光污染问题；同时基于被动式技术优先的原则，在内外幕墙距地80厘米的水平纵线上平均设置多个通风窗并将两窗之间做密封连接，形成通过两层幕墙间空腔的通风管道。夏天打开这一纵向封闭的内外通风窗，将经过水塘的室外凉风引入室内，利用7米的室内上行高度与顶棚天窗形成热烟囱效应，室外冷空气从通风窗进入室内，促使室内热空气向上从天窗出气口排出，带走室内的热量。双层幕墙上下两端各自设计风机进风和排风装置，外层幕墙的上下通风口在夏季均开启，而内层幕墙的上通风口闭合，使得来自水塘方向的冷空气还能在下通风口进入经上通风口排除做被动式吸入排出空气循环，这一过程可持续地给腔体降温，就好似给温室套上一件"隔热服"。两层幕墙地面距离为1.5米，幕墙间空腔高度为4.6米，正是这种双层幕墙形成的腔体"呼吸"功能消化掉了阳光照射幕墙对室内造成的升温。此外，我们让顶棚水系经过带有一定坡度角的外立面幕墙回流到温室前的池塘中，这样外层幕墙玻璃表面就会形成一层薄薄的水幕系统，在夏季，通过水幕流淌蒸发吸热的方式降低玻璃的温度。蒸发的水汽还会调整建筑物所在区域的湿度和温度，改善区域小环境的微气候。同时，流淌的水幕会吸附空气中的灰尘、洗刷幕墙表皮保持幕墙外观的清洁。由于外层幕墙在距地80厘米处改斜坡为退层垂直结构，水幕流淌到此处会形成跌水景观，跌落的水流形成"曝气（曝氧）"现象，并通过水塘边的多层沙石和水生植物根茎的过滤系统达到水质的循环净化。玻璃表皮的水幕经过阳光紫外线的照射也会对水质有很好的杀菌作用，池塘水系依靠这种生态循环可以保持自洁。

冬季，水幕系统停止工作，外层幕墙的上下通风口均闭合，内层幕墙反之，玻璃腔体经太阳辐射产生温室效应，这一过程可持续给腔体增温，内层幕墙上下通风口通过被动式给排风将双层幕墙间的热空气循环到温室内，夜晚关闭内外幕墙所有通风口，减少白天蓄积热量的内外流动。同时，为了增加夜晚室内的温度，我们首先利用金属遮阳帘在白天吸收太阳光能，夜晚再将热能慢慢释放出来。其次在温室北面幕墙做距地1.8米实体蓄热墙，也是在白天吸收太阳光热，夜晚释放增温，同时实体墙可以有效降低冬季西北风对温室的侵害。此外，在温室西北方向堆土为山种植防风林带也阻挡了西北风，起到一定的生态防风作用。

春秋两季，通过幕墙内外通风道的开启面积，调节双层幕墙上下端进气排气装置的开启量以获得需要的通风效果和气压差，在温室内形成自然通风，加之在进出风口和通风窗设置防虫网和过滤装置，既可防蚊虫、降灰尘，又能更新室内空气，这其中可调节的最大通风量是决定温度的关键。这种复合式幕墙腔体构造结合水幕降温设计将会大大降低空调能耗。

近年来在建筑设计中，将环境性能优化作为设计出发点及主导价值观[1]，逐步得到学界的认可，本文通过对温室建筑的复合表皮形态以及这种表皮可变性结构，在不同季节根据室内气候环境的使用要求随时进行开启、闭合等动态调节的研究，探索不同建筑形态主动适应外界气候变化的途径，推动更大范围建筑环境中自然资源蕴含的能量优势和不利条件的筛选和剥离，固化和优化自然环境中的有利因素，通过建筑形式对自然环境的影响，达到微气候环境的改善和补偿，以期从生态效能反哺视角帮助设计师摆脱绿色建筑设计的瓶颈和生态效能利用之困，最终实现更加宜居和可持续的"生态反哺"的住区模式。

第三节 现代生态建筑设计策略优化之阳光雨露中的江南合院

中国幅员辽阔，其民居形式异彩纷呈，从南到北有广西"干栏式"、客家"围龙屋"、云南"一颗印"、安徽"四水归堂"、北京"四合院"、黄

[1] 庄惟敏，祁斌，林波荣．环境生态导向的建筑复合表皮设计策略[M]．北京：中国建筑工业出版社，2014．

土"窑洞"等，极具地域特色，但都不是孤立存在的，以各自为辐射中心，呈发散之势向四周蔓延，互相渗透，互相影响。江南地处中国中部偏南，在现代先进科技的加持下，其所处区位具有依据自身场地条件选择性融合吸收各民居生态养分的潜力。

就平面布局而言，江南传统民居和北方四合院相差无几，但因江南地区水网遍布、丘陵众多，同时为了节约出更多土地以作农耕用，江南传统民居的合院方式便相对紧凑和灵活，围合的院落也更小，因而得名"天井"，这是江南先辈因地制宜的智慧结晶。天井合院方式的形成亦和江南的气候、地理区位、社会习俗、历史演进、地域文化、经济结构等息息相关。

中国传统建筑呈现出离散型的布局方式，注重形散神不散，各房屋以庭院为中心，呈围合之势。屋在外，院在内，注重将自然引入室内，体现的是中国古代朴素的"天人合一"建筑营建生态观，其区别于西方的院在外，屋在内，居所与自然泾渭分明的"天人相分"的建筑营建观。"天井合院式"布局是江南传统民居的风貌精髓，是新式江南四合院必须保留的，作为家庭的日常行为流线，这种内向型的建筑空间模式与古人重视家族的观念如出一辙，承袭此种建筑围合方式有利于增强现代家庭的凝聚力。"一进合院"是江南传统民居的基本模式，各户人家依据自身的财力和地位，利用镜像的方法多将其进行纵向延伸，以节约用地，使其具有

图4-8　广西"干栏式"

图4-9　客家"围龙屋"

图4-10　云南"一颗印"

图4-11　安徽"四水归堂"

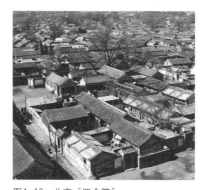

图4-12　北京"四合院"

图4-13　黄土"窑洞"

了"大进深、小开间"的特质。本实践继承了此种特质，从现代人们的生活方式、对建筑形态的审美、建筑功能的空间划分等方面入手，对传统天井合院的空间属性加以改良，塑造出兼具时代精神和地域特征的新式江南四合院。

一、合院模式的继承与优化

对于传统四合院的营建模式，必须去其糟粕取其精华，而不能照搬照抄。因传统四合院始终保持对称、方正的布局以维护严格的宗法制度，但这种布局方式存在浪费空间的弊端，并且使得除正房的通风采光相对较好外，用于居住的东、西厢房的舒适性很差，因其通风和采光差，更遑论倒座房的居住环境。囿于森严的伦理等级制度以及封建礼教的束缚，古人十分注重内宅的私密性，因此内向外封闭的合院外立面形态从未被打破，这使得各居室只能在朝向天井合院的一侧开门或窗，严重阻碍了自然通风和自然采光的力度，加之自由思考的权利被禁锢，压抑了对居住舒适性追求的本能，用极具差异性的居住环境来强化伦理纲常反而成为常态。长辈地位尊崇，住在采光通风相对最好的正房；子女地位次之，加之男尊女卑思想的盛行，一般女儿住西厢房，儿子住东厢房，因单面开门窗的限制，东西厢房的采光通风相对差；兼仆人居所和厨房的倒座房的采光通风都十分有限，根本不适合居住。所以传统四合院中以强化等级观念、彰显家主地位为导向而外化的建筑布局方式以及建筑外立面形态，必须在立足现代生活方式以及开放思想的基础上加以改良。

哥根说过："描述的不确定性并不是坏事，相反，倒是件好事，它能用较少的代价传递足够的信息，并对复杂的事物做出高效率的判断和处理，也就是说，不确切性也有利于提高效率。"四合院的精髓——四面围合的庭院，便具有这种不确定性，这使得庭院的空间性质具有极强的兼容性和可变弹性，这是庭院实现多功能性的基础：就平面布局而言，庭院位于中心位置，具有交通枢纽的属性，是家庭成员进行日常行为活动的必经之地，加之其是合院式建筑，得以让居者在室内近距离亲近自然的唯一敞口，因此其又成为家庭成员休闲聚会的主要场地，极强的聚合性让庭院成为加强各家庭成员家族观念、家族凝聚力以及家庭归属感的精神支柱；就生态性而言，庭院是合院式建筑获得自然采光以及自然通风的根本保证，辅以庭院内各类用以营造景观的多样性植物，庭院得以改善合院建筑周边的微气候，还可更新室内空气、提供充足氧气；就风水角度而言，合院式建筑回应了"负阴抱阳"的风水观，庭院属于虚空间为"阴"，建筑属于实空间为"阳"，以传达"藏风聚气"的美好寓意；就居者身处不同位置而言，当其在室内往庭院望时，庭院成为被观的一隅"自然胜景"，而当其身处庭院时，庭院又成了观"天地变化"之美景的赏景点。传统四合院建筑赋予庭院的不确定性，亦是本实践需要继承和强化的。

本项目便采用现代平面打散重构的方法，以四合院的基本模式"一进合院"为基础，将四合院周围的房间全部打散，以庭院为中心，以单室为基本构成元素，以实现最大限度的自然通风和自然采光为指导方针，以实现占地最小且空间利用率最大化为目标，将庭院周围的单室重新组合，同时打破原合院式建筑外立面封闭的状态，使得东西厢房和倒座房在通风采光以及舒适性上得以继承正房的优势，同时使庭院功能更加丰富（见图4-14）。

见图4-14，新式江南四合院平面中的中庭，即传统四合院的庭院，设计者将东面临水的房间

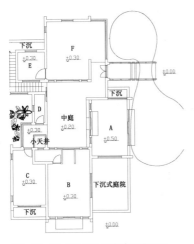

图4-14 新式江南四合院首层平面图

图4-15 新式江南四合院二层平面

Ａ抬高架起，同时在中庭一层楼高的位置，设置了一道可自动调节开闭的玻璃雨棚（见图4-16、图4-17），其让中庭的多功能性更加完善：风压通风和热压通风的力度得到加强、不影响中庭自带的优良自然采光以及亲近自然属性、可利用太阳能增温、可巧用蒸发吸热原理降温、可不受天气影响而随时充当集会娱乐的室外客厅等。

中庭让江南新式四合院得以最大限度地拥抱

图4-16　江南新式四合院东西向剖切图

图4-17　江南新式四合院南北向剖切图

自然。由于玻璃雨棚具有透光性，即使其处于完全闭合状态，亦不影响一层房间利用中庭实现自然采光。同时所有房间的外墙都增设了窗或门，此举既提升了各房间自然采光的强度以及自然通风的力度，亦可让居者在室内获得"步移景异"的感受，可尽享自然美景。本实践的屋顶出檐继承了江南传统民居的出檐长度，其使得合院冬季能获得充足的自然采光，同时夏季又能阻挡直接入射的强烈太阳光，这是先辈们经过历代试错后总结出的经验。充足的自然光，既可有效杀菌进而提高室内空气质量，还可加速室内水蒸气的蒸发以达到除湿的目的，并且还可以结合窗框的造型营造出"光影盛宴"，最关键的是能够减少各类照明设备的使用，节能又环保。

本实践承袭了传统民居坐北朝南的建筑朝向，同时无论是合院式建筑的总平面还是单个房间的平面都遵循"大进深，小开间"的营建原则，加之现代人对于居住品质的高要求，大力提倡生态民居，本实践便对各房间的"开口"进行了优化，各房间的南北向都设置了门或窗，以加强室内空气对流。当处于有利的风环境下时，中庭上的玻璃雨棚完全打开，此时以风压通风为主，凉爽的东南向来风以穿堂而过的方式降温、除湿以及更新空气，带走了A房、B房、C房、F房、E2房及F2房内的湿气、热气及各类粉尘；当建筑外部没有有利风环境的加持时，一层各房间便以热压通风的方式降温除湿和更新空气，这主要是通过调节玻璃雨棚的闭合度、结合阳光照射给中庭内空气增温以促成烟囱效应的形成而实现的，当室内污浊的热湿气经中庭上房玻璃雨棚预留的"窄口""拔出"后，建筑外部新鲜的冷空气便源源不断地从建筑对外的门窗涌入室内，如此循环往复。东面的A房架空临水，此设计既让B房极适宜居住，亦是本实践旨在用建筑形态设计来实现被动式设计策略的亮点：A房下的架空区是此合院建筑对外的第二个开口，夏季，当室外的风环境一般时，室外的热空气经过绿植降温后，再由东面的池塘二次降温，形成冷空气后经架空区涌入中庭，经由朝向中庭的门、窗进入室内，将室内的热气顺朝外的门、窗挤出，是此合院建筑实现用"自然之力"——自然通风来更新室内空气以及降温除湿的第三大法宝。在优化中庭，给予其玻璃雨棚以及临水架空区的加持后，本实践可借"自然之力"有效应对江南夏季高温高湿的气候特点，极大降低了空调等机械降温设备的使用，节约了能耗。

夏季，中庭上方玻璃雨棚的调温方式不止于利用自然通风来实现降温，还可以和东面的池塘相结合于雨棚顶面形成水幕，利用蒸发吸热制冷的原理进行降温，且逢雨天，与此降温系统相配套的雨水收集系统便会将屋顶雨水收集，最终汇入东面池塘。当利用自然通风方式进行降温的效果不显著时，可将玻璃雨棚完全闭合，借助水泵，将东面池塘的水提取至雨棚顶面，形成薄薄的流淌的水幕，在夏日骄阳的暴晒下，雨棚顶的水分蒸发吸热而制冷，借此给中庭降温，中庭内冷却的冷空气便顺着朝向中庭的门窗进入室内，将室内的热湿气通过朝外的门窗驱除，以更新室内空气并降温除湿，此举措的降温效果十分显著。同时，由于雨棚顶面的水幕是循环流动的，将东面池塘里的水导至雨棚顶面后，虽然流淌过程中有一部分水分蒸发了，但剩余的经"曝气（曝氧）"后又再次回流进池塘，如此周而复始，池塘的水质还得到了净化；最重要的是，流淌的水幕于蒸发过程中形成的水蒸气还可和建筑周边的植物进行相互作用，以调节局部环境进而改善新式江南四合院周边的微气候。利用中庭的玻璃雨棚顶进行水幕降温的设计一举三得，这是在自然的调节范围内，巧用自然资源同时反哺自然的新式生态设计理念。

冬季，中庭上方的玻璃雨棚顶基本处于闭合状态，将中庭营造成阳光间，中庭成为极好的储热体以及散热体，白天，尤其阳光甚好的日子，在冬日暖阳的照射下，中庭内产生温室效应，太阳持续不断地给中庭增温，中庭内的"暖气"源源不断地向室内输送，以提升室内温度，极大节省了空调等升温设备的使用，环保又节能。

与传统四合院的庭院相比，除了让中庭具备应变性地随气候变化而调温的功能外，玻璃雨棚还使得中庭增加了遮风挡雨的能力，让其"室外会客厅"的功能更加完善。即使在中庭内露天会友、亲近自然时，突然狂风暴雨将至，亦丝毫不会影响居者和客人聚会的热情，仅需闭合玻璃雨棚，聚会照常，大自然的万千变化反而为聚会增添了别样的情趣。

除了中庭之外，直通地下室的小天井的设计亦是本实践的一大亮点。它既让B房的卫生间变成了明卫，还是地下室得以获得充足自然采光的有力保证之一，最重要的是，小天井的存在，强化了地下室"烟囱效应"的形成，极大提升了地下室自然通风的力度。

享誉世界的美籍华裔建筑大师贝聿铭曾说：中国古建筑就是庭院与墙的艺术。[1]这是对中国古建筑的精辟总结。传统四合院虽是中华民居的国粹，但作者并没有照搬照抄，而是用辩证的角度看待其之于现代生活方式的适应性，对其进行优化，以契合时代发展的需求。本实践立足于现代人对生态宜居的渴求，对传承地域文化的希冀，对建筑功能划分必须满足现代生活的需求，对建筑形态符合当代审美的要求，以及对节能环保的追求等，利用现代平面中的打散重构之法对传统四合院的模式进行改良，实现了满足现代生活诉求的生态重构和空间布局重构。同时为继承江南传统民居世代相传的两层层高之于自然最和谐的竖向比例，以重现掩映在绿树美景下的园林式新民居，本实践还给新式江南四合院新增了地下室空间，以保证足够的建筑使用空间。

[1] 黄健敏．贝聿铭的艺术世界[M]．北京：中国计划出版社，1996：12-13。

156

二、"地下四合院"模式的融合与优化

因功能、体量等差异，地下室亦有多种分类，但江南地区的大部分地下室，除了在"为地面竖向空间减压，新增地下储物空间"上发挥出较大的作用外，其独具的生态宜居性并不凸显，本实践便从其"本源"地坑窑入手，从二者的对比中攫取灵感以寻找解决之法，为将民居地下室从"鸡肋"转变为"香饽饽"做出行之有效的探索，为新式江南四合院营造最多的通风采光俱佳的宜居空间。虽然传统地坑窑的采光、通风、防潮均较差，但本设计利用东南角的下沉式庭院结合均衡布置的采光井，较好地解决了其三大"顽疾"，使得地下空间亦具有了生态宜居的特性。

地坑窑，又名天井窑院，即下沉式窑洞，是黄土窑洞常见类型之一（还有锢窑和靠崖窑），因其建筑平面布局具有合院特色而享有北方"地下四合院"的盛名。地坑窑是在生产力水平低下的社会大背景下，因为黄土地貌的差异，部分黄土高原区没有天然竖向断面以进行相对简单的横向挖穴，先民依照祖祖辈辈对黄土性能以及当地自然环境的充分了解，选取相对高起的黄土台塬区（利于排水），先向下纵向挖出一个方形大坑，再在坑的四壁横向开挖窑洞的合院洞居方式。这是一种尊重当地自然环境，顺应地势的"减法建筑"（防风性强），建造成本低廉，除门窗外，所有空间均由黄土围合而

图4-18　地下室平面图　　　　图4-19　首层平面图

（1.下沉式庭院；2、4、5.采光井；3.直通地下室的小天井）

图4-20　地坑窑院

成，因黄土富含碳酸钙，具有较强的直立性，不宜坍塌，开凿时常结合拱形结构，以增强稳定性，且建筑废弃后可就地回收，充分体现了生态循环理念。中国传统的朴素生态观"天人合一"，在此得以彰显。且在生态运动兴起之初，德国的鲁道夫斯基便将其载入《没有建筑师的建筑：简明非正统建筑导论》一书，向全世界展现了中国古人的生态智慧，并赞其"大胆的创作、洗练的手法、抽象的语言、严密的造型"。

"舒适健康的室内热环境要求室内空气温度、空气湿度、气流速度以及环境热辐射适当，使人体易于保持热平衡而感到舒适。"[1]下面将以此为评判标准，对以生态低技术营建的地坑窑的室内居住空间的舒适度进行深入剖析，以其优劣势为对比参照，融合现代生态技术，提出优化现江南新式四合院地下室的宜居生态特性之法。

冬保温夏隔热，一年四季室内温度几乎恒定，极适宜居住。

地坑窑冬暖夏凉的关键在于黄土具有良好的热延缓性。且其外围护结构可视为"无限体"，使得其在冬季是良好的保温体，即使室外温度很低，但黄土散热慢；夏季是良好的隔热体，即使室外温度很高，但黄土吸热慢。可见无论冬季还是夏季，窑洞内温度都不会因室外的强高温或超低温而产生较大波动。空调在此基本无用武之地，此举极大地节约了能耗，保护了环境。

[1] 国家住宅与居住环境工程技术研究中心. 居住与健康 [M]. 北京：中国水利水电出版社, 2005.09.29。

对比分析：江南地区以红、黄土壤为主，质地细，结构差，土质黏重板结，透水蓄水能力不强，不适宜作为结构性土壤。[1]因此江南地区多采用钢筋混凝土框架结构建造民居地下室，四周仍以土壤围合，但此处土壤并不是建筑的结构组成部分，因而不具承重作用。因红、黄土壤的湿度较之黄土更大（土壤湿度越大，越容易吸收太阳辐射，吸热速率越快），其保温隔热性能很可能会相对削弱，因此在钢筋混凝土结构面向土壤的一侧附加绝热层是江南新式四合院地下室"冬暖夏凉"的有力保证。

1.采光不足，能居住但不舒适

"下沉式庭院"是地坑窑的心脏，影响着地坑窑对外所有的物质交换与能量获取。南向、西向、东向窑脸可通过门窗直接获取阳光。因地坑窑只有唯一的"下沉式庭院"作为外向开口，加之为满足前厅后卧的基本生活需求，窑洞进深都较大，所以仅窑洞前厅可获得相对充足的光照，越往后光线越弱，且逢阴天，卧室甚至白天都可能伸手难见五指，只能长期依靠人工照明。可见地坑窑仅依靠自然采光无法满足生活所需，因此采光是地坑窑在原生地得以继承以及发扬而急需改进的问题之一。综合前辈专家学者的研究，可对此提出多种解决采光连带通风问题的设想，如仿"多进四合院"的方式，将地坑窑在东西向、南北向以院落为单位逐个穿联；再比如在南窑的北面，西窑与东窑的南北面

[1] 徐苗.长江中下游地区覆土建筑设计方法研究[D].南京:东南大学,2006.06。

分别增设一个采光井……笔者认为不论哪种方式，都得从不破坏当地环境、造价相对低廉、取得成效较好、实施相对简便、不破坏原有独门独户整体性以及私密性等综合角度来进行验证。

对比分析：在江南地区，相对讲究的民居地下室会在南向外墙用挡土墙围砌采光井，为地下室南面房间争取一定程度的采光，但大部分民居地下室是完全封闭的，没有直接对外的开口。即使有采光井，江南民居地下室的光照条件相比地坑窑仍相距甚远，其中"下沉式庭院"居功甚伟，这为改良江南新式四合院地下室的光照以及通风提供了思路。具体见图4-19，这是一张笔者设计的结合下沉的首层民居平面简图，其中1表示下沉式庭院，2、4、5表示采光井，3表示直通地下室的小天井，A～F表示房间。就首层平面布局来看，本设计不同于现备受推崇的"洋式"单体"聚合型"民居别墅，而是汲取了北方四合院的精髓，将传统规整的四合院形式打散重构，争取用最少的占地面积获得最多的自然采光通风皆佳的"生态居室"，是一种由中庭牵引的"离散型"新民居。这种新型合院布局方案亦为地下室汲取地坑窑"下沉式庭院"的生态优势打下了坚实的基础，见图4-18。1号下沉式庭院是整个地下室最大的亮点，没有照搬地坑窑将"下沉式庭院"置于建筑中心的布局方式，而是将其置于地下室的东南角，一是出于不破坏地上中庭兼具交通枢纽以及休闲聚会空间（室外客厅）的功能。二是中心式下沉庭院在此不具优势，因为A和B是高出地面的房间，会令其采光大打折扣，在这些条件的限制下，结合整个建筑平面布局，置于东南角能为地下室争取到最大限度的自然采光。2号采光井位于西南角、4号位于东北角、5号位于西北角、3号小天井则置于相对中心的位置，结合1号下沉式庭院，整体布局比较均衡，能较全面地兼顾地下室全方位的自然采光，再辅以适当的折射及反射手法，可以实现整个地下室全自然采光。

由图4-18可知，A房的地下空间G是整个地下室采光通风最佳的房间，比之A房本身也毫不逊色，甚至还具有冬暖夏凉的优势；次之是H，采光极佳，通风相对稍弱；进而是I，采光相对较差，但通风好；K的采光和通风亦都稍可；J相比较而言，采光和通风是整体最弱的。综观整体设计，可见地下室整体的自然采光属性实现了质的飞跃，就光环境本身而言，G、H完全满足舒适居住的最佳光照条件，而I、J、K以及地下共享内庭亦可就自身的光照条件实现其他的生活功能，如书房、茶室、家庭影院、娱乐室、厕所等。

2.通风较差，能居住但不利身体健康

因地坑窑仅在面向"下沉式庭院"的一侧开门开窗，这意味着门窗在这里既是进风口也是出风口，只能依靠局部的空气环流来实现通风，空气对流效果不显著，导致室内空气得不到及时更新，易

滋生病菌，对人体健康不利。

对比分析：采光井和小天井之于江南新式四合院地下室既起采光作用，也兼具通风功效，倘仅地下室南向外墙设置采光井，则主要是依靠局部空气循环通风，因采光井呈带状布置，面积小，通风效果不好，倘南北侧均设，虽可加强对流，但又因南北间距过长，通风亦不理想。笔者在图4-18的设计具双管齐下之能。既可大力改善地下室的采光，又能极大提升地下室的通风。仍以图4-18进行分析，1号下沉式庭院之于地下室，就好比肺之于身体，3号小天井和4、5号采光井可产生较强的热压通风，尤其是3，可将地下室内大量的污浊之气"拔出"，2号采光井则以进风为主。由此分析：以夏季为例，当外部具有有利风环境时（江南夏季盛行东南风），G是地下室中通风最佳的房间，其一般通风路径为1进3、4、5均可出，进风口大，气流通过G的距离又短又直又多；次之是I，其一般通风路径为2进3、5出，气流通过I的距离虽然也短而直，但进风口相对小；进而是H，其一般通风路径为1进3、5均可出，虽然路径较多，但是排风通行距离长且弯曲；相对最差的是J和K；但当外部无有力风环境时，3号小天井便发挥了巨大的作用，其形成的热压通风十分显著。从整体来看，除个别房间通风相对较差，其余均可在不借助机械外力通风设备的基础上实现"零能耗"有效的自然通风，极大提升了室内空气质量，居住品质得到大力改善。

3.大部分时间主干燥，但雨后潮湿，整体湿度环境较为适宜

因黄土高原区降水少，蒸发大，因此地坑窑内的潮湿问题并不显著，但是每逢雨后，因其采光和通风较差，致使室内湿气无法及时排出，尤其是地坑窑深处的卧室区，仍具有较强的居住潮湿困扰。因此改善采光和通风是解决地坑窑潮湿问题的关键。

对比分析：降水量大，夏季湿热，冬季湿冷是江南地区的主要气候特点，因此解决潮湿"顽疾"是民居地下室迈向宜居空间的关键一步。江南不具黄土高原区的气候优势，因此除从提高采光通风入手外，还应借鉴江南先民历代传承的对抗潮湿的经验——将建筑底部架空，高出地面，这是干栏式建筑理念传至江南的衍生。同理，即在地下室底部设置一道空心层，同时加强四周外墙及底部的防潮层铺设措施。身处江南地区，防潮的最关键之处在于"排水无困扰"，为了应对江南的"梅雨来袭"，首先要做好与周边地势的结合，擅用高差进行被动式排水，必要时需结合主动式排水的方法，比如泵的运用。由于本设计下沉式庭院的内凹属性，必须对其排水进行专门设计。笔者为从源头防止下沉式庭院的雨水倒灌，在下沉式庭院上方设置了一个可移动的玻璃雨棚，其所处高度比首层室外地面高，但比围合下沉式庭院的女儿墙低，雨天，便将其闭

合，让雨水顺雨棚经女儿墙排出，切断了其进入下沉式庭院的路径。晴天便将其打开，让其自然通风。冬天，亦可将其闭合，让其形成阳光间，在保温性能极佳的土壤加持下，下沉式庭院即使冬天亦温暖如春。加之融合上图设计，给地下室营造了良好的自然采光以及通风环境，地下室的潮湿问题能得到极大改善。

4.长期处于室内，封闭感较强

因地坑窑属地下空间，人在其中活动，总会伴随一定的心理压力，加之地坑窑进深较大，又只是单向开口，采光不足显得相对阴暗，通风又不是特别顺畅，人长期处于这种环境下会感到窒闷，不过"下沉式庭院"的存在，给了居者亲近自然的空间，相应地缓解了这种封闭感。

对比分析：江南少数民居地下室即使有分布于南北两端的采光井，因二者距离过远，采光通风效果并不显著，又都处于地下室上端，加之开口狭长，极易给人坐井观天之感。而笔者在图4-18和图4-19展示的设计，亦能极好地解决这个问题：均衡散布的采光井能给居者追逐光影的乐趣，加之融合了地坑窑"下沉式庭院"的设计，能让人循着那一抹射进内庭的灿阳，获得"柳暗花明又一村"的惊喜，加之通风良好，温湿度适宜，极大消弭了地下空间的封闭之感。

综上所述，地坑窑生态优势显著，亦存在较多缺点，以其为参照，可让江南新式四合院地下室在通往"生态宜居"的大道上走得相对顺畅。这与古人"以铜为镜整衣冠，以史为镜明得失"在本质上是一样的。笔者在上文提出的江南新式四合院地下室的设计，肯定还有许多不足，仅希望本篇文章能起抛砖引玉之效，最终集大家之力，让继承地坑窑生态优势——冬暖夏凉、隔音、防火、防辐射、私密性强等宜居特性的地下室，寻找到节能、低碳、可持续的设计之法，令其转变成自然采光充足、自然通风顺畅、湿度适宜、可与自然亲密接触、能给人丰富空间感受的炙手可热的宜居空间，真正摆脱"食之无味弃之可惜"的尴尬处境。这应成为城市生态发展的方向之一，相信不久的将来，"大隐隐于市"的世外桃源将不是梦想。

「 第五章　结论 」

中国古代以"天人合一"作为标志性的传统生命哲学与生态美学，"天人合一"追求人与自然的和谐，蕴含中国古人的生态智慧，是古代生活方式与艺术审美情趣的体现。本文旨在用中国山水画中的"天人合一"观对现代的生态建筑理论提供指导，以不同专家、学者于不同时期在不同方向的研究理论成果为基础，以跨学科、跨文化流派的多角度作为出发点，首先选取具有代表性的画作将中国山水画中体现的"天人合一"观进行直观解读，研究"天人合一"观的发展轨迹及人与自然、人与人、人与建筑之间的和谐关系，进而结合当代生态建筑理论的演进历程，寻找二者之间的共性与差异，通过对比为当代的生态建筑理论注入活力，进而指导实践。

基于"天人合一"的视角，人与自然之间的关系成为一个哲学命题，其蕴含着人与世界相处的哲学，这也是中华文化传承几千年的思想内核。当今世界飞速发展所导致的能源危机与环境污染等自然问题成为各界人士积极探讨且急于解决的首要问题，究其根本即人与自然的相处之道，从哲学层面对其理解与审视才是解决问题的最好办法。"天人合一"这一传统的中国哲学观念与生态建筑理论的融合，体现了中国历史悠久的建筑营建哲学，这种结合是哲学理论与实践方法论的结合，其对于生态建筑的未来发展具有积极的促进作用。"人法地，地法天，天法道，道法自然"表明构建生态建筑、营造适应自然适合人居的建筑空间，除了科技手段和技术水平的提高之外，关键在于营造观念的改变。"天人合一"观即是能引导当代人的建筑营造价值取向和生活方式的哲学观点，其可推进当代生态建筑营造以及建筑人居环境构建思想的本质。

虽然基于中国传统山水画对"天人合一"进行具象解读，进而将"天人合一"与生态建筑理论相联系的研究成果相对较少，但本文仍尽可能多地收集了相应的参考资料以进行系统分析与研究，通过对山水画中"天人合一"观与当代生态建筑理论的对比研究，本文得出如下结论。

1.虽然"天人合一"被贴上了远古时期低端文明的标签，但是越低端的事物反而越具有长远的适应性与应变性，因为它是顺应自然的产物，并不需要额外的呵护，无论置于何时何地均可恣意生长，而事物越高端，局限性便越大，对生存条件的要求便越苛刻，极易被摧毁，比如作为低端生物的海藻，其已在地球上存在几十亿年，而作为高端生物的恐龙，现已灭绝，且其仅在地球上存在一亿五千年，再比如人，我们也仅在地球上存在几百万年而已，所以说"天人合一"观无论是在古代，还是现在，乃至未来，其均具有极强的适应性和极大的生存空间。与之对应的生态建筑理论，是人类文明发展到一定程度的高端产物，其有很强的局限性，因此要让其获得长足发展，从"天人合一"观中寻求借鉴与灵感是十分必要的。

2. "天人合一"对待自然的态度，从"天地不仁，以万物为刍狗"中可见一斑，即天地以万物为刍狗——通常指古代祭祀时用草扎成的狗，在此处是为落在草窝中的小狗，也就是没有母亲护养的狗，天地把万物看得很低贱，绝不给予特殊关照，但是万物却反而顺势而发，永恒存在。这种朴素的生态观与现今盛行的生态景观理念在本质上是一样的，比如中国俞孔坚教授的生态理念，其奉行以自然之力修复自然，其针对中国过于"人工化"的水系驳岸发起了"大脚美学革命"；再比如韩国，韩国是一个将这种朴素的生态观一以贯之的国家，韩国的大部分水系驳岸设计都遵循原生态的原则，充满野性的自然美。其实中国传统民居的营建也深受这种朴素生态观的影响，但是其却随着时代的发展而逐渐被遗弃。令人欣慰的是，如今可持续发展设计大行其道，其与这种朴素生态观的愿景是一致的，均想让事物获得永恒发展。

3. 虽然"天人合一"与现今盛行的生态设计理念存在很多共性，但也存在一定差异，明确二者的差异性，亦是帮助生态建筑理论从"天人合一"

观中汲取养分的关键所在。"天人合一"侧重无为而治，主张用保守的态度顺应自然，而现代生态设计的本质是积极主动地改造世界，在实现美好生活愿景的同时保护自然，因此本文所探索的现代生态建筑理论的优化，并不是让其被"天人合一"完全同化，而是要将人主动改造世界的能动性和尊重自然规律结合起来，要善于向自然学习，以实现对自然最小的破坏，同时又最大限度地满足人类改造的需求。

就中国山水画中"天人合一"观与现代生态建筑理论的关系而言，其涉及层面广泛，包括诸多方面，需要进行长期深入的研究。本文作为博士阶段性的学习研究成果难免肤浅偏颇，在以后的工作中仍需对其进行深入研究。

建筑营建技术水平的大力提高及日益增长的社会需求使得建筑行业蓬勃发展，但超速的发展导致当代的建筑实践多缺乏生态性。建筑营建活动应该尊重自然规律，如何设计出富含生态内涵的建筑，是现阶段建筑领域急需解决的问题。作者认为以中国传统山水画中的"天人合一"观为切入点，可为当代建筑设计师提供新的营建思维模式，有助于打破生态建筑的发展瓶颈。"天人合一"观所传达的人与自然的相处模式有助于我们审视当代生态建筑设计理念的合理性，进而有的放矢地对其进行优化。希望能以此文抛砖引玉，为当代的建筑设计提供生态设计的新思路。

参考文献 »

期刊:

[1]宋晔皓.欧美生态建筑理论发展概述[J].世界建筑,1998,(4).

[2]季羡林."天人合一"方能拯救人类[J].东方杂志,1993年创刊号.

[3]曾繁仁.试论中国传统绘画艺术中所蕴含的生态审美智慧[J].河南大学学报,2010,(4).

[4]曾繁仁.生态存在论美学视野中的自然之美[J].文艺研究,2011,(6).

[5]宋晔皓.欧美生态建筑理论发展概述[J].世界建筑,1998(1):68—70.

[6]刘瑛楠,王岩.中国乡土建筑研究历程回顾与展望[J].中国文物科学研究,2011,(4).

[7]赵巍译.关于乡土建筑遗产的宪章[J].时代建筑,2000,(3):24.

[8]李保峰.仿生学的启示[J].建筑学报,2002.09,24.

[9]孙久荣,戴振东.仿生学的现状和未来[J].生物物理学报,2007,(2).

[10]夏荻.设计结合自然对当下中国建筑学的启发[J].新建筑,2010,(2).

[11]李德.绿地生态效益定量分析的数学模型[J].林业经济,1995.05,(1).

[12]顾孟潮.21世纪是生态建筑学时代[J].中国科学基金,1988:35.

[13]Saling P,Kicherer A,Dittrich—Kriimer B,et al.Eco—efficiency Analysis by BASF:the Method[J].The International Journal of Life Cycle Assessment,2002,7(4):203—218.

[14]邹永华,宋家峰.关于生态建筑的哲学思考[J].建筑,2002(12):30.

专（译）著：

外文：

[1]Frank Lloyd Wright.The Future of Architecture[M].Horizon Press,1953：191.

[2]Ken Yeang.Designing with Nature：An Ecological Basis for Architectural Design[M].McGraw—Hill Inc,1995：118.

[3]Desimone LD,Popoff F.The Business Link to Sustainable Development.Eco—efficiency[M].MIT Press,Cambridge MA,1997.转引自：陈迪.中国制造业生态效益评价区域差异比较分析.中国科技论坛,2008(1).

[4]Hassan Fathy.Architecture for the poor：An experiment in Rural Egypt[M].Chicago：The University of Chicago Press,1976

[5]William Siew Wai Lim,Tan Hock Beng.Contemporary vernacular：Evoking traditions in Asian architecture[M].Singapore：Select Books,1998.Introduction

译著：

[1][美]肯尼斯·弗兰姆普顿著，原山等译.现代建筑——一部批判的历史[M].北京：中国建筑工业出版社,2004：187.

[2]W.博奥席耶编著.牛燕芳，程超译.勒·柯布西耶（全集第8卷）[M].北京：中国建筑工业出版社,2005：164.

[3][日]星野芳郎著.毕晓辉，董守义译.未来文明的原点[M].哈尔滨：哈尔滨工业大学出版社,1985.

专著：

[1]曾繁仁.生态存在论美学论稿[M].长春：吉林人民出版社,2009：167.

[2]张岱年.中国哲学大纲[M].南京：江苏教育出版社,2005：180.

[3]刘纲纪.传统文化、哲学与美学[M].武汉：武汉大学出版社,2006：263.

[4]彭莱.编著.古代画论[M].上海：上海书店出版社.2009.01：110—111.

[5]潘运告.主编.[宋]郭熙、郭思.林泉高致集·山水训[M].长沙：湖南美术出版社,2000.

[6]曾繁仁.生态存在论美学论稿[M].长春:吉林人民出版,2009:59.

[7]居翰著.李渝译.中国绘画史[M].台北:台湾雄狮图书股份有限公司,1989:51.

[8]《绿色建筑》教材编写组编著.绿色建筑[M].北京:中国计划出版社,2008.05.

[9]周浩明,张晓东.生态建筑：面向未来的建筑[M].南京:东南大学出版社,2002.03.05.

[10]戴志中.建筑创作构思解析——生态·仿生[M].北京:中国计划出版社,2006.

[11]高晨阳.中国传统思维方式研究[M].济南:山东大学出版社,1994:267.

[12][清]李渔.李渔随笔全集[M].北京:京华出版社,2000:122.

[13]荆其敏.覆土建筑[M].天津:天津科学技术出版社,1988:208.

[14]吴焕加.中外现代建筑解读[M].北京:中国建筑工业出版社,2010.

[15]庄惟敏,祁斌,林波荣.环境生态导向的建筑复合表皮设计策略[M].北京：中国建筑工业出版社,2014.

[16]黄健敏.贝聿铭的艺术世界[M].北京:中国计划出版社,1996:12–13.

[17]国家住宅与居住环境工程技术研究中心.居住与健康[M].北京:中国水利水电出版社,2005.09.29.

[18]林宪德.绿色建筑 生态·节能·减废·健康[M].北京:中国建筑工业出版社,2007

[19]夏云,夏葵,施燕.生态与可持续性建筑[M].北京:中国建筑工业出版社,2001.6.

[20]金岳霖.论道[M],北京:商务印书馆,1987.

[21]任继愈.中国哲学发展史[M],北京:人民出版社,1983.

[22]周曦,李湛东.生态设计新论——对生态设计的反思和再认识[M].南京:东南大学出版社,2003.

[23]李百战.绿色建筑概论[M].北京:化学工业出版社,2007.

[24]伊恩·伦诺克斯·麦克哈格（美）.设计结合自然[M].天津：天津大学出版社,2017.

[25]维基·理查森著.吴晓，于雷译.新乡土建筑[M].北京：中国建筑工业出版社,2004.

[26]夏征农，陈至立.大辞海·哲学卷[M].上海：上海辞书出版社,2015.

论文集：

[1]LI Xue-ping.Ecological Culture in Traditional Chinese Vernacular Dwellings[C].Journal of Landscape Research,2010,2(3):78—80.

学位论文：

[1]陈珊.欧洲"高技型"生态建筑的技术和设计策略研究[D].北京：清华大学,2004.

[2]杨柳.建筑气候分析与设计策略研究[D].西安：西安建筑科技大学,2003,10.

[3]李保峰.适应夏热冬冷地区气候的建筑表皮之可变化设计策略研究[D].北京：清华大学,2004.

[4]徐苗.长江中下游地区覆土建筑设计方法研究[D].南京：东南大学,2006.06.

古籍：

[1]《正蒙·乾称》

[2]《西铭》

[3]《正蒙·太和》

[4]《程氏遗书》卷十一

[5]《二程遗书》卷六

[6]《周易序卦传》

[7]《易经·系辞上》

[8]《说文解字·鬼部》

[9]《老子》

[10]《庄子》

[11]《礼记·王制》

[12]《易经·系辞上》

[13]《泰象卦》

[14]《咸象卦》

[15]《周易》

[16]《周易·系辞上》

[17]《周易·正义》

[18]《林泉高致》

[19]《道德经》

[20]《周礼·考工记》

[21]《春秋繁露·为人者天》

[22]《中庸》

[23]《周易·文言》

[24]《管子》

[25]《天隐子》

[26]《地学指正》

[27]《李渔随笔全集》

[28]《春秋繁露》

[29]《黄帝宅经》

[30]《闲情偶寄·居室部·房舍第一》

[31]《画山水序》

[32]《历代名画记》